智能系统与技术丛书

Deep Learning for Natural Language Processing
Creating Neural Networks with Python

# 面向自然语言处理的深度学习
## 用Python创建神经网络

帕拉什·戈雅尔（Palash Goyal）
[印] 苏米特·潘迪（Sumit Pandey） 著
卡兰·贾恩（Karan Jain）

陶阳 张冬松 徐潇 译

机械工业出版社
China Machine Press

## 图书在版编目（CIP）数据

面向自然语言处理的深度学习：用 Python 创建神经网络 /（印）帕拉什·戈雅尔（Palash Goyal）等著；陶阳，张冬松，徐潇译. —北京：机械工业出版社，2019.1（2019.8 重印）
（智能系统与技术丛书）

书名原文：Deep Learning for Natural Language Processing: Creating Neural Networks with Python

ISBN 978-7-111-61719-8

I. 面… II. ①帕… ②陶… ③张… ④徐… III. ①自然语言处理 ②人工神经网络 – 软件工具 – 程序设计 IV. ① TP391 ② TP183

中国版本图书馆 CIP 数据核字（2019）第 004119 号

本书版权登记号：图字 01-2018-5459

First published in English under the title
Deep Learning for Natural Language Processing: Greating Neural Networks with Python (ISBN: 978-1-4842-3684-0)
by Palash Goyal, Sumit Pandey, Karan Jain
Copyright © 2018 by Palash Goyal, Sumit Pandey, Karan Jain

This edition has been translated and published under licence from Apress Media, LLC, part of Springer Nature.
Chinese simplified language edition published by China Machine Press, Copyright © 2019.

This edition is licensed for distribution and sale in the People's Republic of China only, excluding Hong Kong, Taiwan and Macao and may not be distributed and sold elsewhere.

本书原版由 Apress 出版社出版。

本书简体字中文版由 Apress 出版社授权机械工业出版社独家出版。未经出版者预先书面许可，不得以任何方式复制或抄袭本书的任何部分。

此版本仅限在中华人民共和国境内（不包括香港、澳门特别行政区及台湾地区）销售发行，未经授权的本书出口将被视为违反版权法的行为。

# 面向自然语言处理的深度学习
## 用 Python 创建神经网络

| | |
|---|---|
| 出版发行：机械工业出版社（北京市西城区百万庄大街 22 号 邮政编码：100037） | |
| 责任编辑：杨宴蕾 | 责任校对：李秋荣 |
| 印　　刷：中国电影出版社印刷厂 | 版　次：2019 年 8 月第 1 版第 2 次印刷 |
| 开　　本：186mm×240mm　1/16 | 印　张：13.25 |
| 书　　号：ISBN 978-7-111-61719-8 | 定　价：69.00 元 |

凡购本书，如有缺页、倒页、脱页，由本社发行部调换
客服热线：（010）88379426　88361066　　投稿热线：（010）88379604
购书热线：（010）68326294　88379649　68995259　读者信箱：hzit@hzbook.com

版权所有 • 侵权必究
封底无防伪标均为盗版
本书法律顾问：北京大成律师事务所　韩光 / 邹晓东

# 译 者 序

很高兴接受这本书的翻译任务，更加高兴的是能跟读者说说心里话。

接到任务之前，我和团队正在进行人机对话领域的研究与实现工作。我们的导师是国防科技大学计算机学院彭宇行研究员，在他的带领下，我们已经取得了不少成果。这些年导师带领我们在人工智能领域开展了多项研究工作，深度学习算法是其中很重要的一项。所以，我们有较强的理论和实践基础，尤其是近一年来我们一直致力于基于自然语言处理的对话机器人项目的落地实现。正好在这个时候接到了这本书的翻译任务，这种感觉太好了。

拿到这本书之后，我仔细阅读了书的内容，被作者由浅入深、从理论到实践的创作思路深深吸引住了。前面章节对深度学习和自然语言处理的基础理论知识的介绍十分深入，而且强调实用性，也为后面章节的完整实例做好了准备。虽然该书面向的读者是中高级深度学习和自然语言处理开发人员，但读完后你就会感到，即使你在深度学习和自然语言处理方向的知识积累还不够多，也可以立刻开发出一个实际的基于自然语言处理的应用项目。

我们知道，采用计算机技术来研究和处理自然语言是 20 世纪 40 年代末 50 年代初才开始的。几十年来，这项研究取得了长足的进展，成为计算机科学中一门重要的新兴学科——自然语言处理（Natural Language Processing，NLP）。建立自然语言处理模型需要各个方面的知识，比如声学和韵律学、音位学、形态学、词汇学、句法学、语义学、话语分析、语用学等。由于自然语言处理是一个多边缘的交叉学科，除了语言学外，它还涉及多个知识领域，比如计算机科学、数学、统计学、生物学等，尤其是计算机科学领域的深度学习。深度学习是机器学习的一个扩展领域，它已经在文本、图像和语音等领域发挥了巨大作用。在深度学习下实现的算法集合与人脑中的刺激和神经元之间的关系具有相似性。深度学习在计算机视觉、语言翻译、语音识别、图像生成等方面具有广泛的应用。大多数深度学习算法都基于人工神经网络的概念，如今，大量可用的数据和丰富的计算资源使这种算法的训练变得简单了。随着数据量的增长，深度学习模型的性能会不断提高。这些看似高深的理论知识，本书在第 1 章用很浅显的语言告诉了我们。我向我们的项目团队推荐了这本书，他们反映这本书写得很好，实践性强，特别适用于自然语言处理相关的项目。我就想，如果能把这本优秀的教材翻译成中文，肯定能让国内从事自然语言处理的年轻工程师们从中受益。于是，我欣然接受了本书的翻译任务。

我认真通读本书两遍，对于本书有一定的理解后试着翻译起来，然而不像想象中那样容易。说实话，有时候习惯了阅读英文，即使理解了英文意思，而要把英文的意思表达为确切的中文，大量的术语如何用中文来表达，也是颇费周折、令人踌躇的难题。另外，为了能够及早让本书与读者见面，在我们的导师彭宇行研究员的大力支持下，我跟团队成员商量，请具有较好的自然语言处理方向研究基础的张冬松博士后和海归硕士徐潇两位骨干加入进来，共同完成翻译任务。

接到翻译任务的时候正是暑假，所以我们几乎用了全部的假期时间来进行翻译。暑假之后，每位译者依然十分认真，所有的业余时间都用上了，遇到疑难问题时共同切磋、反复推敲，经常在微信群里讨论，确定最好的翻译结果。每翻译一章，他们就交给我审校，及时统一意见。在我们三人的通力合作下，连续工作两个多月，全书的翻译任务终于大功告成。

这么一本优秀的著作在给我们带来无穷动力的同时，无疑也给翻译工作带来了无形的压力。为了尽量保证每章译稿的质量并保证译文的前后一致性，整本书的审校工作全部由我本人独立完成，同时我及时反馈并提供了统一的术语翻译。在翻译过程中我们阅读了大量相关的教材和论文，也包括网上的常用译法以及公认的英文术语，并前后进行了六次自我校对。在校对过程中,有很多师门的兄弟姐妹们也提出了很多宝贵的意见和建议。对于他们无私的帮助,我表示由衷的感谢。感谢我们的导师彭宇行研究员对我们的翻译工作给予的支持和肯定。另外还要感谢我的妻子,在前前后后两个多月时间里,我几乎所有的时间都用在翻译和校对上,而她却默默地承担起照顾两个孩子的责任。

虽然得到了大家的帮助,翻译团队也认真努力,但由于我们的专业水平、理解能力和文字功底十分有限,加之时间仓促,最后的译稿中一定还存在不少理解上的偏差,译文也会有生硬之处。希望读者不吝赐教,提出宝贵的修改意见和建议,以便我们能够对现有译稿不断改进。

谢谢!

陶　阳

# 前　言

本书使用适当和完整的神经网络体系结构示例，例如用于自然语言处理（NLP）任务的循环神经网络（RNN）和序列到序列（seq2seq），以较为全面的方式简化和呈现深度学习的概念。本书试图弥合理论与应用之间的缺口。

本书以循序渐进的方式从理论过渡到实践，首先介绍基础知识，然后是基础数学，最后是相关示例的实现。

前三章介绍NLP的基础知识，从最常用的Python库开始，然后是词向量表示，再到高级算法，例如用于文本数据的神经网络。

最后两章完全侧重于实现，运用广泛流行的Python工具TensorFlow和Keras，处理诸如RNN、长短期记忆（LSTM）网络、seq2seq等复杂架构。我们尽最大努力遵循循序渐进的方法，最后集合全部知识构建一个问答系统。

本书旨在为想要学习面向NLP的深度学习技术的读者提供一个很好的起点。

本书中展示的所有代码都在GitHub上以IPython notebook和脚本的形式公开，使读者能够实践这些示例，并以自己感兴趣的任何方式对它们进行扩展。

ACKNOWLEDGEMENTS

# 致　　谢

这项工作得以完成，主要得益于那些信任我们的人，他们在整个工作过程中参与讨论、阅读、写作，付出了宝贵的时间，无论是校对还是整体设计，都是功不可没的。

我们特别感谢 Apress 的协调编辑 Aditee Mirashi，他一直支持和激励我们完成这项任务，并积极地为我们提供有价值的建议，以便我们按时实现目标。

我们感谢 Santanu Pattanayak，他阅读了所有章节并提出了宝贵的意见，为本书的最终定稿做了大量工作。

在完成这个项目的过程中，没有人比我们的家庭成员更重要。我们要感谢我们的父母，无论我们追求什么，他们的爱和指导都与我们同在。他们是我们的终极榜样，为我们完成写作提供了无尽的灵感。

# 关于作者

Palash Goyal 是一名高级数据科学家，目前从事将数据科学和深度学习用于在线营销领域的工作。他曾在印度理工学院（IIT）的 Guwahati 分校学习数学和计算机科学，毕业后他开始在快节奏环境中工作。

他在电子商务、旅游、保险和银行等行业拥有丰富的经验，热衷于数学和金融。他利用深度学习和强化学习技术进行价格预测与投资组合管理，在业余时间管理他的多种加密货币和最新的首次代币发行（ICO）。他追踪数据科学领域的最新趋势，并在博客 http://madoverdata.com 上分享这些趋势。他还会在空闲时发表与智慧农业相关的文章。

Sumit Pandey 毕业于印度理工学院（IIT）的 Kharagpur 分校，曾在 AXA Business Services 工作了大约一年，担任数据科学顾问。他目前正在创办自己的企业。

Karan Jain 是 Sigtuple 公司的一名产品分析师，他在那里研究尖端的 AI 驱动诊断产品。此前，他曾在医疗保健解决方案公司 Vitrana 担任数据科学家。他喜欢在快节奏的数据初创公司工作。在闲暇时间，Karan 深入涉猎基因组学、BCI 接口和光遗传学。最近，他对用于便携式诊断的 POC 设备和纳米技术产生了兴趣。Karan 在 LinkedIn 上有 3000 多名粉丝。

# 关于技术审校人员

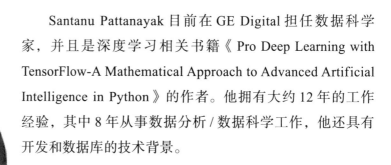

Santanu Pattanayak 目前在 GE Digital 担任数据科学家，并且是深度学习相关书籍《Pro Deep Learning with TensorFlow-A Mathematical Approach to Advanced Artificial Intelligence in Python》的作者。他拥有大约 12 年的工作经验，其中 8 年从事数据分析/数据科学工作，他还具有开发和数据库的技术背景。

在加入 GE 之前，Santanu 曾在 RBS、Capgemini 和 IBM 等公司任职。他毕业于加尔各答的 Jadavpur 大学，获得了电子工程专业学位，并且是一名狂热的数学爱好者。Santanu 目前正在攻读印度理工学院（IIT）Hyderabad 分校的数据科学硕士学位。他还将时间投入数据科学黑客马拉松和 Kaggle 比赛中，他在 Kaggle 中全球排名前 500 位。Santanu 出生并成长在印度西孟加拉邦，现与妻子居住在印度班加罗尔。

# 目　录

译者序
前言
致谢
关于作者
关于技术审校人员

## 第1章　自然语言处理和深度学习概述 ·········· 1
- 1.1 Python 包 ·········· 2
  - 1.1.1 NumPy ·········· 2
  - 1.1.2 Pandas ·········· 6
  - 1.1.3 SciPy ·········· 9
- 1.2 自然语言处理简介 ·········· 11
  - 1.2.1 什么是自然语言处理 ·········· 11
  - 1.2.2 如何理解人类的语言 ·········· 11
  - 1.2.3 自然语言处理的难度是什么 ·········· 11
  - 1.2.4 我们想通过自然语言处理获得什么 ·········· 13
  - 1.2.5 语言处理中的常用术语 ·········· 13
- 1.3 自然语言处理库 ·········· 14
  - 1.3.1 NLTK ·········· 14
  - 1.3.2 TextBlob ·········· 15
  - 1.3.3 SpaCy ·········· 17
  - 1.3.4 Gensim ·········· 19
  - 1.3.5 Pattern ·········· 20
  - 1.3.6 Stanford CoreNLP ·········· 21
- 1.4 NLP 入门 ·········· 21
  - 1.4.1 使用正则表达式进行文本搜索 ·········· 21
  - 1.4.2 将文本转换为列表 ·········· 21
  - 1.4.3 文本预处理 ·········· 22
  - 1.4.4 从网页中获取文本 ·········· 22
  - 1.4.5 移除停止词 ·········· 23
  - 1.4.6 计数向量化 ·········· 23
  - 1.4.7 TF-IDF 分数 ·········· 24
  - 1.4.8 文本分类器 ·········· 25
- 1.5 深度学习简介 ·········· 25

| 1.6 | 什么是神经网络 …………… 27 |
| 1.7 | 神经网络的基本结构 ………… 29 |
| 1.8 | 神经网络的类型 ……………… 32 |
| | 1.8.1 前馈神经网络 ……… 33 |
| | 1.8.2 卷积神经网络 ……… 33 |
| | 1.8.3 循环神经网络 ……… 33 |
| | 1.8.4 编码器-解码器网络 …………………… 34 |
| | 1.8.5 递归神经网络 ……… 35 |
| 1.9 | 多层感知器 …………………… 35 |
| 1.10 | 随机梯度下降 ……………… 37 |
| 1.11 | 反向传播 …………………… 40 |
| 1.12 | 深度学习库 ………………… 42 |
| | 1.12.1 Theano ……………… 42 |
| | 1.12.2 Theano 安装 ……… 43 |
| | 1.12.3 Theano 示例 ……… 44 |
| | 1.12.4 TensorFlow ………… 45 |
| | 1.12.5 数据流图 …………… 46 |
| | 1.12.6 TensorFlow 安装 … 47 |
| | 1.12.7 TensorFlow 示例 … 47 |
| | 1.12.8 Keras ………………… 49 |
| 1.13 | 下一步 ……………………… 52 |

# 第 2 章 词向量表示 …………… 53
| 2.1 | 词嵌入简介 …………………… 53 |
| 2.2 | word2vec ……………………… 56 |
| | 2.2.1 skip-gram 模型 ……… 58 |
| | 2.2.2 模型成分：架构 …… 58 |
| | 2.2.3 模型成分：隐藏层 … 58 |

| | 2.2.4 模型成分：输出层 … 60 |
| | 2.2.5 CBOW 模型 ………… 61 |
| 2.3 | 频繁词二次采样 ……………… 61 |
| 2.4 | word2vec 代码 ………………… 64 |
| 2.5 | skip-gram 代码 ………………… 67 |
| 2.6 | CBOW 代码 …………………… 75 |
| 2.7 | 下一步 ………………………… 83 |

# 第 3 章 展开循环神经网络 …… 85
| 3.1 | 循环神经网络 ………………… 86 |
| | 3.1.1 什么是循环 ………… 86 |
| | 3.1.2 前馈神经网络和循环神经网络之间的差异 …… 87 |
| | 3.1.3 RNN 基础 …………… 88 |
| | 3.1.4 自然语言处理和 RNN ………………… 91 |
| | 3.1.5 RNN 的机制 ………… 93 |
| | 3.1.6 训练 RNN …………… 96 |
| | 3.1.7 RNN 中隐藏状态的元意义 ………………… 98 |
| | 3.1.8 调整 RNN …………… 99 |
| | 3.1.9 LSTM 网络 …………… 99 |
| | 3.1.10 序列到序列模型 …… 105 |
| | 3.1.11 高级 seq2seq 模型 … 109 |
| | 3.1.12 序列到序列用例 …… 113 |
| 3.2 | 下一步 ………………………… 122 |

# 第 4 章 开发聊天机器人 ……… 123
| 4.1 | 聊天机器人简介 ……………… 123 |

| | |
|---|---|
| 4.1.1 聊天机器人的起源 …… 124 | |
| 4.1.2 聊天机器人如何工作 …………………… 125 | |
| 4.1.3 为什么聊天机器人拥有如此大的商机 ………… 125 | |
| 4.1.4 开发聊天机器人听起来令人生畏 …………… 126 | |
| 4.2 对话型机器人 …………… 127 | |
| 4.3 聊天机器人：自动文本生成 ………………………… 141 | |
| 4.4 下一步 …………………… 170 | |

## 第 5 章 实现研究论文：情感分类 … 171

5.1 基于自注意力机制的句子嵌入 …………………… 172
    5.1.1 提出的方法 …………… 173
    5.1.2 可视化 ………………… 178
    5.1.3 研究发现 ……………… 181
5.2 实现情感分类 …………… 181
5.3 情感分类代码 …………… 182
5.4 模型结果 ………………… 191
5.5 可提升空间 ……………… 196
5.6 下一步 …………………… 196

# 第 1 章
# 自然语言处理和深度学习概述

自然语言处理（NLP）是计算机科学中一项极其困难的任务。语言中存在各式各样的问题，这些问题因语言而异。如果能采用正确的方式从原始文本中构建或提取出有意义的信息，将是一个很好的解决方案。以前，计算机科学家会使用复杂的算法将语言分解为语法形式，例如词类、短语等。如今，深度学习是达到相同目的的关键。

本章将探讨 Python 语言、NLP 和深度学习的基础知识。首先会介绍 Pandas、NumPy 和 SciPy 库中的初级代码，我们假设用户已经配置好初始的 Python 环境（2.x 或 3.x），并指导用户安装上述库。然后，将简要讨论 NLP 中常用的库，以及一些基本示例。最后，我们将讨论深度学习背后的概念和一些常见的框架，例如 TensorFlow 和 Keras。在此后的各章中，我们将继续介绍更高级的 NLP 主题。

取决于计算机和版本的具体情况，用户可以使用以下链接安装 Python：

- www.python.org/downloads/
- www.continuum.io/downloads

上述链接和基本软件包安装将为用户提供深度学习所需的环境。

我们首先会用到以下这些包，请参考以下括号中的链接：

**Python 机器学习：**

Pandas (http://pandas.pydata.org/pandas-docs/stable)

NumPy (www.numpy.org)

SciPy (www.scipy.org)

**Python 深度学习：**

TensorFlow (http://tensorflow.org/)

Keras (https://keras.io/)

**Python 自然语言处理：**

Spacy (https://spacy.io/)

NLTK (www.nltk.org/)

TextBlob (http://textblob.readthedocs.io/en/dev/)

我们可能会在需要时安装其他相关软件包。如果在安装过程中遇到问题，请参阅以下链接：https://packaging.python.org/tutorials/install-packages/。

 请参阅 Python 包索引 PyPI（https://pypi.python.org/pypi），以搜索最新的可用包。请按以下链接中的步骤安装 pip：https://pip.pypa.io/en/ stable/installing/。

## 1.1 Python 包

我们将介绍 Pandas、NumPy 和 SciPy 包的安装步骤和初级编码。目前，Python 提供的版本是 2.x 和 3.x，它们具有用于机器学习的兼容功能。我们将在需要时使用 Python2.7 和 Python3.5。版本 3.5 已在本书的各章中广泛使用。

### 1.1.1 NumPy

NumPy 专门用于 Python 中的科学计算。它能够高效地操纵含有随机记录的大型多维数组，并且速度与处理小型多维数组几乎一样快。它也可以当作通用数据的多维容器。NumPy 具有创建任意类型数组的能力，这使它适合与通用数据库应用程序连接，也使其成为在本书中或以后使用的最有用的库之一。

以下是使用 NumPy 包的代码。大多数代码行都附有注释，使用户能更容易地理解。

```
## Numpy
import numpy as np              # Importing the Numpy package
a= np.array([1,4,5,8], float)   # Creating Numpy array with
                                  Float variables
print(type(a))                  #Type of variable
> <class 'numpy.ndarray'>
# Operations on the array
a[0] = 5                #Replacing the first element of the array
print(a)
> [ 5. 4. 5. 8.]
b = np.array([[1,2,3],[4,5,6]], float)   # Creating a 2-D numpy
                                           array
b[0,1]                  # Fetching second element of 1st array
> 2.0

print(b.shape)          #Returns tuple with the shape of array
> (2, 3)

b.dtype                 #Returns the type of the value stored
> dtype('float64')

print(len(b))           #Returns length of the first axis
> 2

2 in b                  #'in' searches for the element in the array
> True

0 in b
> False
# Use of 'reshape' : transforms elements from 1-D to 2-D here
c = np.array(range(12), float)
print(c)
print(c.shape)
print('---')
c = c.reshape((2,6))    # reshape the array in the new form
print(c)
print(c.shape)
```

```
> [ 0. 1. 2. 3. 4. 5. 6. 7. 8. 9. 10. 11.]
(12,)
---
[[ 0. 1. 2. 3. 4. 5.] [ 6. 7. 8. 9. 10. 11.]]
(2, 6)

c.fill(0)                #Fills whole array with single value,
                          done inplace
print(c)
> [[ 0. 0. 0. 0. 0. 0.] [ 0. 0. 0. 0. 0. 0.]]

c.transpose()            #creates transpose of the array, not
                          done inplace
> array([[ 0., 0.], [ 0., 0.], [ 0., 0.], [ 0., 0.], [ 0., 0.],
[ 0., 0.]])

c.flatten()              #flattens the whole array, not done
                          inplace
> array([ 0., 0., 0., 0., 0., 0., 0., 0., 0., 0., 0., 0.])

# Concatenation of 2 or more arrays
m = np.array([1,2], float)
n = np.array([3,4,5,6], float)
p = np.concatenate((m,n))
print(p)
> [ 1. 2. 3. 4. 5. 6.]
(6,)

print(p.shape)

# 'newaxis' : to increase the dimensonality of the array
q = np.array([1,2,3], float)
q[:, np.newaxis].shape
> (3, 1)
```

NumPy 还有其他函数，例如 zeros、ones、zeros_like、ones_like、identity、eye，它们用于创建填充了 0 和 1 的数组，或者是指定了维度的数组。

加法、减法和乘法可以应用于相同大小的数组。NumPy 中的乘法是元素间相乘，而不是矩阵乘法。如果数组的大小不匹配，则较小的数组会被重复，以执行所需的运算。以下是一个例子：

```
a1 = np.array([[1,2],[3,4],[5,6]], float)
a2 = np.array([-1,3], float)
```

```
print(a1+a2)
> [[ 0. 5.] [ 2. 7.] [ 4. 9.]]
```

 **注释** pi 和 e 以常数的形式包含于 NumPy 包中。

用户可以参考以下资源来获取有关 NumPy 的详细教程：www.numpy.org/ 和 https://docs.scipy.org/doc/numpy-dev/user/quickstart.html。

NumPy 提供了一些可直接用于数组的函数：sum（元素的和）、prod（元素的积）、mean（元素的平均值）、var（元素的方差）、std（元素的标准差）、argmin（数组中最小元素的索引）、argmax（数组中最大元素的索引）、sort（对元素排序）、unique（数组中的唯一元素）。

```
a3 = np.array([[0,2],[3,-1],[3,5]], float)
print(a3.mean(axis=0))          # Mean of elements column-wise
> [ 2. 2.]
print(a3.mean(axis=1))          # Mean of elements row-wise
> [ 1. 1. 4.]
```

 **注释** 对多维数组执行上述运算时，需要在命令中包含可选参数 axis。

NumPy 提供了用于测试数组中是否存在某些数值的函数，例如 nonzero（检查非零元素）、isnan（检查"非数字"元素）和 isfinite（检查有限元素）。where 函数的返回值是一个数组，其中的元素满足函数名后面的条件：

```
a4 = np.array([1,3,0], float)
np.where(a!=0, 1/a ,a)
> array([ 0.2 , 0.25 , 0.2 , 0.125])
```

若要生成不同长度的随机数，可以使用 NumPy 中的 random 函数。

```
np.random.rand(2,3)
> array([[ 0.41453991, 0.46230172, 0.78318915],
[0.54716578, 0.84263735, 0.60796399]])
```

>  随机数种子可通过 numpy.random.seed(1234) 设定。Numpy 通过马特赛特旋转演算法生成伪随机数。

## 1.1.2 Pandas

Pandas 是一个开源的软件库。DataFrames 和 Series 是其两个主要数据结构,被广泛用于数据分析。Series 是单维索引数组,而 DataFrame 是具有列级和行级索引的表格数据结构。Pandas 是预处理数据集的绝佳工具,可提供高度优化的性能。

```
import pandas as pd
series_1 = pd.Series([2,9,0,1])        # Creating a series object
print(series_1.values)                 # Print values of the
                                         series object
> [2 9 0 1]

series_1.index            # Default index of the series object
> RangeIndex(start=0, stop=4, step=1)

series_1.index = ['a','b','c','d']    #Settnig index of the
                                         series object
series_1['d']             # Fetching element using new index
> 1
# Creating dataframe using pandas
class_data = {'Names':['John','Ryan','Emily'],
              'Standard': [7,5,8],
              'Subject': ['English','Mathematics','Science']}
class_df = pd.DataFrame(class_data, index = ['Student1',
'Student2','Student3'],
                    columns = ['Names','Standard','Subject'])
print(class_df)
>           Names    Standard    Subject
Student1    John     7           English
Student2    Ryan     5           Mathematics
Student3    Emily    8           Science

class_df.Names
>Student1    John
Student2     Ryan
Student3     Emily
Name: Names, dtype: object

# Add new entry to the dataframe
```

```
import numpy as np
class_df.ix['Student4'] = ['Robin', np.nan, 'History']
class_df.T                 # Take transpose of the dataframe
>           Student1    Student2       Student3      Student4
Names       John        Ryan           Emily         Robin
Standard    7           5              8             NaN
Subject     English     Mathematics    Science       History
class_df.sort_values(by='Standard')   # Sorting of rows by one
                                        column
>           Names       Standard    Subject
Student1    John        7.0         English
Student2    Ryan        5.0         Mathematics
Student3    Emily       8.0         Science
Student4    Robin       NaN         History
# Adding one more column to the dataframe as Series object
col_entry = pd.Series(['A','B','A+','C'],
                    index=['Student1','Student2','Student3',
                    'Student4'])
class_df['Grade'] = col_entry
print(class_df)
>           Names       Standard    Subject        Grade
Student1    John        7.0         English        A
Student2    Ryan        5.0         Mathematics    B
Student3    Emily       8.0         Science        A+
Student4    Robin       NaN         History        C
# Filling the missing entries in the dataframe, inplace
class_df.fillna(10, inplace=True)
print(class_df)
>           Names       Standard    Subject        Grade
Student1    John        7.0         English        A
Student2    Ryan        5.0         Mathematics    B
Student3    Emily       8.0         Science        A+
Student4    Robin       10.0        History        C
# Concatenation of 2 dataframes
student_age = pd.DataFrame(data = {'Age': [13,10,15,18]} ,
                        index=['Student1','Student2',
                        'Student3','Student4'])
print(student_age)
>           Age
Student1    13
Student2    10
```

```
Student3    15
Student4    18

class_data = pd.concat([class_df, student_age], axis = 1)
print(class_data)
>           Names    Standard    Subject         Grade    Age
Student1    John     7.0         English         A        13
Student2    Ryan     5.0         Mathematics     B        10
Student3    Emily    8.0         Science         A+       15
Student4    Robin    10.0        History         C        18
```

> **注释** 使用 map 函数可将任意函数分别应用于列或行中的每个元素,使用 apply 函数可将任意函数同时应用于列或行中的所有元素。

```
# MAP Function
class_data['Subject'] = class_data['Subject'].map(lambda x :
x + 'Sub')
class_data['Subject']
> Student1        EnglishSub
Student2        MathematicsSub
Student3        ScienceSub
Student4        HistorySub
Name: Subject, dtype: object

# APPLY Function
def age_add(x):                     # Defining a new function which
                                    will increment the age by 1
    return(x+1)

print('-----Old values-----')
print(class_data['Age'])
print('-----New values-----')
print(class_data['Age'].apply(age_add))    # Applying the age
                                           function on top of
                                           the age column
> -----Old values-----
Student1 13
Student2 10
Student3 15
Student4 18
Name: Age, dtype: int64
```

```
-----New values-----
Student1 14
Student2 11
Student3 16
Student4 19
Name: Age, dtype: int64
```

以下代码将列的数据类型更改为"category"类型：

```
# Changing datatype of the column
class_data['Grade'] = class_data['Grade'].astype('category')
class_data.Grade.dtypes
> category
```

以下代码将结果存储为 .csv 文件：

```
# Storing the results
class_data.to_csv('class_dataset.csv', index=False)
```

在 Pandas 库提供的函数中，合并函数（concat、merge、append）以及 groupby 和 pivot_table 函数在数据处理任务中有大量的应用。有关 Pandas 的详细教程，请参阅 http://pandas.pydata.org/。

### 1.1.3 SciPy

SciPy 提供了复杂的算法及其在 NumPy 中作为函数的用法。这将分配高级命令和多种多样的类来操作和可视化数据。SciPy 将多个小型包整合在一起，每个包都针对单独的科学计算领域。其中的几个子包是 linalg（线性代数）、constants（物理和数学常数）和 sparse（稀疏矩阵和相关例程）。

NumPy 包中大多数针对数组的函数也包含在 SciPy 包中。SciPy 提供预先测试好的例程，因此可以在科学计算应用中节省大量处理时间。

```
import scipy
import numpy as np
```

> 注释　SciPy 为表示随机变量的对象提供了内置的构造函数。

以下是 SciPy 提供的多个子包中的 Linalg 和 Stats 的几个示例。由于子包是针对特定领域的，这使得 SciPy 成为数据科学的完美选择。

SciPy 中的线性代数子包（scipy.linalg）应该以下列方式导入：

```
from scipy import linalg
mat_ = np.array([[2,3,1], [4,9,10], [10,5,6]]) # Matrix Creation
print(mat_)
> [[ 2 3 1] [ 4 9 10] [10 5 6]]

linalg.det(mat_)                # Determinant of the matrix
inv_mat = linalg.inv(mat_)      # Inverse of the matrix
print(inv_mat)
> [[ 0.02409639 -0.07831325 0.12650602] [ 0.45783133 0.01204819
-0.09638554] [-0.42168675 0.12048193 0.03614458]]
```

用于执行奇异值分解并存储各个组成部分的代码如下：

```
# Singular Value Decomposition
comp_1, comp_2, comp_3 = linalg.svd(mat_)
print(comp_1)
print(comp_2)
print(comp_3)
> [[-0.1854159  0.0294175  -0.98221971]
 [-0.73602677 -0.66641413  0.11898237]
 [-0.65106493  0.74500122  0.14521585]]
 [ 18.34661713  5.73710697  1.57709968]
[[-0.53555313 -0.56881403 -0.62420625]
 [ 0.84418693 -0.38076134 -0.37731848]
 [-0.02304957 -0.72902085  0.6841033 ]]
```

Scipy.stats 是一个大型子包，包含各种各样的统计分布处理函数，可用于操作不同类型的数据集。

```
# Scipy Stats module
from scipy import stats

# Generating a random sample of size 20 from normal
distribution with mean 3 and standard deviation 5
rvs_20 = stats.norm.rvs(3,5 , size = 20)
print(rvs_20, '\n --- ')

# Computing the CDF of Beta distribution with a=100 and b=130
```

```
as shape parameters at random variable 0.41
cdf_ = scipy.stats.beta.cdf(0.41, a=100, b=130)
print(cdf_)
> [ -0.21654555  7.99621694 -0.89264767 10.89089263  2.63297827
    -1.43167281  5.09490009 -2.0530585  -5.0128728  -0.54128795
     2.76283347  8.30919378  4.67849196 -0.74481568  8.28278981
    -3.57801485 -3.24949898  4.73948566  2.71580005  6.50054556]
---
0.225009574362
```

有关使用 SciPy 子包的更多示例，请参考 http://docs.scipy.org/doc/。

## 1.2 自然语言处理简介

我们已经介绍了 Python 中最有用和最常用的三个库，所提供的示例和参考资料应该足以满足起步阶段的学习。现在，我们将关注的领域转到自然语言处理。

### 1.2.1 什么是自然语言处理

简单来说，自然语言处理（Natural Language Processing，简称 NLP）是计算机或系统真正理解人类语言并以与人类相同的方式处理它的能力。

### 1.2.2 如何理解人类的语言

人类可以很容易地理解其他人所说或所表达的语言。例如，如果有人说"兔子喜欢胡萝卜，它味道好"，那么别人很容易推断出这句话中使用的"它"指的是胡萝卜而不是兔子，但问题在于如何让计算机或系统理解这种表达方式。

### 1.2.3 自然语言处理的难度是什么

在人与人之间的日常会话中，很多事往往是隐含的，会以诸如某种信号、表情或只是沉默等形式表达出来。作为人类，我们有能力理解会话中潜在的意图，但计算机却不能。

第二个难点是由句子中的歧义导致的，这可能是单词、句子或语义级别的。

#### 1.2.3.1 单词中的歧义

考虑一下单词"won't"。这个词总是存在歧义。系统会将这个缩写视为一个单词还是两个单词，又应该在什么意义上理解它（它的含义是什么）。

#### 1.2.3.2 句子中的歧义

考虑一下下面这个句子：大多数时间旅行者为他们的行李担忧。

由于没有标点符号分隔，很难从这个句子判断出是"时间旅行者"还是"旅行者"担心他们的行李。

又比如这句话：时光如箭飞逝。

时间飞逝的速率被比作箭头飞行的速度，如果仅凭借这个句子，而没有句中两个实体的足够多的常规属性信息，则很难映射出所说的场景。

#### 1.2.3.3 语义中的歧义

考虑一下 tie 这个单词，可以用三种方式去理解它：比赛平局、领带或者动词"系"。

图 1-1 是一个简单的谷歌翻译错误，它把 fan 翻译为风扇而不是粉丝。

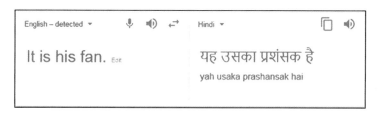

图 1-1 用谷歌翻译将英语翻译为印地语的例子

这些问题只是使用 NLP 工作时遇到的无穷挑战中的一小部分，随后，我们将深入探讨如何处理这些问题。

### 1.2.4 我们想通过自然语言处理获得什么

可以通过 NLP 实现的目标是不受限的。但是，NLP 有一些常见的应用，主要有以下几个：

- 文本摘要
  还记得上学的时候，老师曾要求将全文总结为一段话吗？使用 NLP 可以很好地完成这项任务。
- 文本标记
  NLP 可以用于有效地查找一大块文本中的上下文（主题标记）。
- 识别命名实体
  它可以确定单词或单词组表达的是地点、组织还是其他任何东西。
- 聊天机器人
  最受关注的 NLP 应用是聊天机器人。它可以识别用户所提问题中的意图，并给出合适的答复，这个过程是通过训练来达成的。
- 语音识别
  此应用可识别语音并将其转换为文本。

综上所述，NLP 有许多应用。读完本书后，你将能够自己开发一个或多个这样的应用。

### 1.2.5 语言处理中的常用术语

随着进一步深入，会经常遇到一些术语。因此，尽快熟悉它们是个好主意。

- 语音 / 音韵
  研究语言声音及其与文字的关系。

- 形态学
  研究单词内部结构 / 单词构成。
- 句法
  研究句子中单词之间的结构关系。
- 语义
  研究单词的含义以及它们如何进行组合，以构成句子的含义。
- 语用学
  研究在情境中对语言语句的运用。
- 谈话
  一个大于单个句子的语言单位（上下文）。

## 1.3 自然语言处理库

以下是 Python 中一些最常用的 NLP 库的基本示例。

### 1.3.1 NLTK

NLTK（www.nltk.org/）是在处理语料库、分类文本、分析语言结构等多项操作中最常遇到的包。

> **注释** 安装 NLTK 包的推荐方式：pip install nltk。

它可以将给定句子分割为独立的单词：

```
import nltk
# Tokenization
sent_ = "I am almost dead this time"
tokens_ = nltk.word_tokenize(sent_)
tokens_
>> ['I', 'am', 'almost', 'dead', 'this', 'time']
```

它可以获取单词的一组近义词：

```
# Make sure to install wordnet, if not done already so
# import nltk
# nltk.download('wordnet')
# Synonyms
from nltk.corpus import wordnet
word_ = wordnet.synsets("spectacular")
print(word_)
>> [Synset('spectacular.n.01'), Synset('dramatic.s.02'),
Synset('spectacular.s.02'), Synset('outstanding.s.02')]
print(word_[0].definition())      # Printing the meaning along
                                    of each of the synonyms
print(word_[1].definition())
print(word_[2].definition())
print(word_[3].definition())
>> a lavishly produced performance
>> sensational in appearance or thrilling in effect
>> characteristic of spectacles or drama
>> having a quality that thrusts itself into attention
```

它可以执行词干提取和词形还原。词干提取意味着从单词中删除词缀并返回词干（可能不是真正的单词）。词形还原类似于词干提取，但不同之处在于，词形还原的结果是真实的单词。

```
# Stemming
from nltk.stem import PorterStemmer
stemmer = PorterStemmer()           # Create the stemmer object
print(stemmer.stem("decreases"))
>> decreas

#Lemmatization
from nltk.stem import WordNetLemmatizer
lemmatizer = WordNetLemmatizer()    # Create the Lemmatizer
                                      object
print(lemmatizer.lemmatize("decreases"))
>> decrease
```

## 1.3.2 TextBlob

TextBlob（http://textblob.readthedocs.io/en/dev/index.html）是一个用于处理文本数据的Python库。它提供一个简单的API，可用于深入研究常见的NLP任务，例如词类标注、名词短语提取、情感分析、分类等，可以将其用于情感分析。情感是指隐藏在句子中的观点。极性（polarity）定义句子中的消极性或积极性，而主观性（subjectivity）暗示句子的表达是含糊的，还是肯定的。

```python
from textblob import TextBlob
# Taking a statement as input
statement = TextBlob("My home is far away from my school.")
# Calculating the sentiment attached with the statement
statement.sentiment
Sentiment(polarity=0.1, subjectivity=1.0)
```

还可以使用 TextBlob 进行标注。标注是将文本（语料库）中的单词标记为与讲话中特定部分相对应的过程。

```python
# Defining a sample text
text = '''How about you and I go together on a walk far away
from this place, discussing the things we have never discussed
on Deep Learning and Natural Language Processing.'''
blob_ = TextBlob(text)          # Making it as Textblob object
blob_
>> TextBlob("How about you and I go together on a walk far away
from this place, discussing the things we have never discussed
on Deep Learning and Natural Language Processing.")
# This part internally makes use of the 'punkt' resource from
  the NLTK package, make sure to download it before running this
# import nltk
# nltk.download('punkt')
# nltk.download('averaged_perceptron_tagger')
# Running this separately : python3.6 -m textblob.download_
  corpora
blob_.tags
>>
[('How', 'WRB'),
 ('about', 'IN'),
 ('you', 'PRP'),
 ('and', 'CC'),
 ('I', 'PRP'),
 ('go', 'VBP'),
 ('together', 'RB'),
 ('on', 'IN'),
 ('a', 'DT'),
```

```
('walk', 'NN'),
('far', 'RB'),
('away', 'RB'),
('from', 'IN'),
('this', 'DT'),
('place', 'NN'),
('discussing', 'VBG'),
('the', 'DT'),
('things', 'NNS'),
('we', 'PRP'),
('have', 'VBP'),
('never', 'RB'),
('discussed', 'VBN'),
('on', 'IN'),
('Deep', 'NNP'),
('Learning', 'NNP'),
('and', 'CC'),
('Natural', 'NNP'),
('Language', 'NNP'),
('Processing', 'NNP')]
```

可以用 TextBlob 更正拼写错误。

```
sample_ = TextBlob("I thinkk the model needs to be trained more!")
print(sample_.correct())
>> I think the model needs to be trained more!
```

除此之外，该包还提供了翻译模块。

```
# Language Translation
lang_ = TextBlob(u"Voulez-vous apprendre le français?")
lang_.translate(from_lang='fr', to='en')
>> TextBlob("Do you want to learn French?")
```

### 1.3.3 SpaCy

SpaCy（https://spacy.io/）提供了非常快速和准确的句法分析功能（所有已发布的库中速度最快），还提供了命名实体识别和可以随时访问词向量的功能。它使用 Cython 语言编写，包含各种训练模型，包括语言词汇表、语法、词向量转换和实体识别。

> **注释** 实体识别是对包含预定义类别的文本中的多个实体进行分类的过程,例如,类别可以包括人、对象、位置、组织、日期、事件等。词向量是指将单词或短语从词汇映射到由实数组成的向量。

```
import spacy
# Run below command, if you are getting error
# python -m spacy download en
nlp = spacy.load("en")

william_wikidef = """William was the son of King William
II and Anna Pavlovna of Russia. On the abdication of his
grandfather  William I in 1840, he became the Prince of Orange.
On the death of his father in 1849, he succeeded as king of the
Netherlands. William married his cousin Sophie of Württemberg
in 1839 and they had three sons, William, Maurice, and
Alexander, all of whom predeceased him. """

nlp_william = nlp(william_wikidef)

print([ (i, i.label_, i.label) for i in nlp_william.ents])
>> [(William, 'PERSON', 378), (William II, 'PERSON', 378),
(Anna Pavlovna, 'PERSON', 378), (Russia, 'GPE', 382), (
, 'GPE', 382), (William, 'PERSON', 378), (1840, 'DATE', 388),
(the Prince of Orange, 'LOC', 383), (1849, 'DATE', 388),
(Netherlands, 'GPE', 382), (
, 'GPE', 382), (William, 'PERSON', 378), (Sophie, 'GPE', 382),
(Württemberg, 'PERSON', 378), (1839, 'DATE', 388), (three,
'CARDINAL', 394), (William, 'PERSON', 378), (Maurice, 'PERSON',
378), (Alexander, 'GPE', 382), (
, 'GPE', 382)]
```

SpaCy还提供依赖性解析功能,可以进一步用于从文本中提取名词短语,如下所示:

```
# Noun Phrase extraction
senten_ = nlp('The book deals with NLP')
for noun_ in senten_.noun_chunks:
    print(noun_)
    print(noun_.text)
    print('---')
    print(noun_.root.dep_)
```

```
    print('---')
    print(noun_.root.head.text)
>> The book
The book
---
```
**nsubj**
```
---
deals
NLP
NLP
---
```
**pobj**
```
---
with
```

## 1.3.4 Gensim

Gensim（https://pypi.python.org/pypi/gensim）是另一个重要的库，主要用于主题建模和文档相似性处理。Gensim 在诸如获取单词的词向量等任务中非常有用。

```
from gensim.models import Word2Vec
min_count = 0
size = 50
window = 2
sentences= "bitcoin is an innovative payment network and a new
kind of money."
sentences=sentences.split()
print(sentences)
>> ['bitcoin', 'is', 'an', 'innovative', 'payment', 'network',
'and', 'a', 'new', 'kind', 'of', 'money.']
model = Word2Vec(sentences, min_count=min_count, size=size,
window=window)
model
>> <gensim.models.word2vec.Word2Vec at 0x7fd1d889e710>
model['a']           # Vector for the character 'a'
>> array([  9.70041566e-03,  -4.16209083e-03,   8.05089157e-03,
         4.81479801e-03,   1.93488982e-03,  -4.19071550e-03,
         1.41675305e-03,  -6.54719025e-03,   3.92444432e-03,
        -7.05081783e-03,   7.69438222e-03,   3.89579940e-03,
        -9.02676862e-03,  -8.58401007e-04,  -3.24096601e-03,
         9.24982232e-05,   7.13059027e-03,   8.80233292e-03,
        -2.46750680e-03,  -5.17094415e-03,   2.74592242e-03,
```

```
    4.08304436e-03,  -7.59716751e-03,   8.94313212e-03,
   -8.39354657e-03,   5.89343486e-03,   3.76902265e-03,
    8.84669367e-04,   1.63217512e-04,   8.95449053e-03,
   -3.24510527e-03,   3.52341868e-03,   6.98625855e-03,
   -5.50296041e-04,  -5.10712992e-03,  -8.52414686e-03,
   -3.00202984e-03,  -5.32727176e-03,  -8.02035537e-03,
   -9.11156740e-03,  -7.68519414e-04,  -8.95629171e-03,
   -1.65163784e-03,   9.59598401e-04,   9.03090648e-03,
    5.31166652e-03,   5.59739536e-03,  -4.49402537e-03,
   -6.75261812e-03,  -5.75679634e-03], dtype=float32)
```

可以从 Google 下载经过训练的向量集，并找出所需文本的表达形式，如下所示：

```
model = gensim.models.KeyedVectors.load_word2vec_
format('GoogleNews-vectors-negative300.bin', binary=True)
sentence = ["I", "hope", "it", "is", "going", "good", "for", "you"]
vectors = [model[w] for w in sentence]
```

（可以从链接 https://github.com/mmihaltz/word2vec-GoogleNews-vectors 下载示例模型。或使用 .bin 文件的给定名称进行常规搜索，并将其粘贴到你的工作目录中。）

Gensim 还提供了 LDA（潜在狄利克雷分布，一种生成统计模型，它允许通过若干组可以解释为什么某些部分数据相似的未观察到的数据组，来解释观察到的数据）模块。它允许对训练语料库进行 LDA 模型估计，和对新的未见文档的主题分布进行推断。该模型还可以通过新文档线上训练方式进行更新。

### 1.3.5　Pattern

Pattern（https://pypi.python.org/pypi/Pattern）适用于各种 NLP 任务，例如词类标注器、n-gram 搜索、情感分析、WordNet 和机器学习（例如向量空间建模、k 均值聚类、朴素贝叶斯、KNN 和 SVM 分类器）。

```
import pattern
from pattern.en import tag
tweet_ = "I hope it is going good for you!"
tweet_l = tweet_.lower()
tweet_tags = tag(tweet_l)
print(tweet_tags)
```

```
>> [('i', 'JJ'), ('hope', 'NN'), ('it', 'PRP'), ('is', 'VBZ'),
('going', 'VBG'), ('good', 'JJ'), ('for', 'IN'), ('you',
'PRP'), ('!', '.')]
```

### 1.3.6　Stanford CoreNLP

Stanford CoreNLP（https://stanfordnlp.github.io/CoreNLP/）提供单词的基本形式、它们的词类、是否是公司或人物等实体的名称、标准化日期、时间和数字，还可以用短语和句法依赖来标记句子的结构，表明哪些名词短语是指相同实体，表示情绪，提取实体提及之间的特定或开放式关系，识别人们所说的名言等。

## 1.4　NLP 入门

在本章的这一书中，我们将在简单的文本数据（例如一个句子）上执行一些基本操作，以帮助你熟悉 NLP 的工作原理。这部分内容将为本书余下部分的学习打下基础。

### 1.4.1　使用正则表达式进行文本搜索

正则表达式是一种非常有用的方法，用于从给定的文本中搜索特定类型的设计或字集。正则表达式（RE）指定一组与其匹配的字符串。此模块中的函数允许检查给定的字符串是否与特定的 RE 匹配（或者给定的 RE 是否与特定的字符串匹配，这两项任务的本质是一样的）。

```
# Text search across the sentence using Regular expression
import re
words = ['very','nice','lecture','day','moon']
expression = '|'.join(words)
re.findall(expression, 'i attended a very nice lecture last
year', re.M)
>> ['very', 'nice', 'lecture']
```

### 1.4.2　将文本转换为列表

可以读取一个文本文件并根据需要将它转化为一列单词或一列句子。

```
text_file = 'data.txt'
```

```
# Method-1 : Individual words as separate elements of the list
with open(text_file) as f:
    words = f.read().split()
print(words)
>> ['Are', 'you', 'sure', 'moving', 'ahead', 'on', 'this',
'route', 'is', 'the', 'right', 'thing?']

# Method-2 : Whole text as single element of the list
f = open(text_file , 'r')
words_ = f.readlines()
print(words_)
>> ['Are you sure moving ahead on this route is the right
thing?\n']
```

### 1.4.3 文本预处理

可以用很多种方式对文本进行预处理。例如，将一个单词替换为另一个单词，删除或添加某些特定类型的单词等。

```
sentence = 'John has been selected for the trial phase this
time. Congrats!!'
sentence=sentence.lower()
# defining the positive and negative words explicitly
positive_words=['awesome','good', 'nice', 'super', 'fun',
'delightful','congrats']
negative_words=['awful','lame','horrible','bad']
sentence=sentence.replace('!','')
sentence
>> 'john has been selected for the trial phase this time.
congrats'
words= sentence.split(' ')
print(words)
>> ['john', 'has', 'been', 'selected', 'for', 'the', 'trial',
'phase', 'this', 'time.', 'congrats']
result= set(words)-set(positive_words)
print(result)
>> {'has', 'phase', 'for', 'time.', 'trial', 'been', 'john',
'the', 'this', 'selected'}
```

### 1.4.4 从网页中获取文本

网页中的文本可以通过 urllib 包获取。

```
# Make sure both the packages are installed
import urllib3
from bs4 import BeautifulSoup
pool_object = urllib3.PoolManager()
target_url = 'http://www.gutenberg.org/files/2554/2554-
h/2554-h.htm#link2HCH0008'
response_ = pool_object.request('GET', target_url)
final_html_txt = BeautifulSoup(response_.data)
print(final_html_txt)
```

## 1.4.5 移除停止词

停止词是索引擎会忽略的常用词（例如"the"）。

```
import nltk
from nltk import word_tokenize
sentence= "This book is about Deep Learning and Natural
Language Processing!"
tokens = word_tokenize(sentence)
print(tokens)
>> ['This', 'book', 'is', 'about', 'Deep', 'Learning', 'and',
'Natural', 'Language', 'Processing', '!']
# nltk.download('stopwords')
from nltk.corpus import stopwords
stop_words = set(stopwords.words('english'))
new_tokens = [w for w in tokens if not w in stop_words]
new_tokens
>> ['This', 'book', 'Deep', 'Learning', 'Natural', 'Language',
'Processing', '!']
```

## 1.4.6 计数向量化

计数向量化是一个 SciKit-Learn 库工具，它可以接收任何大量的文本，将每个独特的单词作为特征返回，并计算每个单词在文本中出现的次数。

```
from sklearn.feature_extraction.text import CountVectorizer
texts=["Ramiess sings classic songs","he listens to old pop ",
"and rock music", ' and also listens to classical songs']
cv = CountVectorizer()
cv_fit=cv.fit_transform(texts)
```

```
print(cv.get_feature_names())
print(cv_fit.toarray())
>> ['also', 'and', 'classic', 'classical', 'he', 'listens',
'listens', 'music', 'old', 'pop', 'ramiess', 'rock', 'sings',
'songs', 'to']
>> [[0 0 1 0 0 0 0 0 0 0 1 0 1 1 0]
    [0 0 0 0 1 1 0 0 1 1 0 0 0 0 1]
    [0 1 0 0 0 0 0 1 0 0 0 1 0 0 0]
    [1 1 0 1 0 0 1 0 0 0 0 0 0 1 0]]
```

## 1.4.7 TF-IDF 分数

TF-IDF 是两个术语的首字母缩写：术语频率和反向文档频率。TF 表示特定单词的计数与文档中单词总数的比率。假设一个文档包含 100 个单词，其中单词"happy"出现 5 次。那么，单词"happy"的术语频率（即 TF）就是（5/100）= 0.05。另一方面，IDF 是指文档总数与包含特定单词的文档数量的对数比率。假设我们有 1000 万个文档，而单词"happy"出现在其中 1000 个文件中。那么，相应的反向文档频率（即 IDF）值就是 log(10 000 000/1 000) = 4。因此，TF-IDF 权重便是这两个量的乘积：$0.05 \times 4 = 0.20$。

> **注释** 与 TF-IDF 类似的指标是 BM25，它用于根据文档与查询语句的关系来对文档进行评分。BM25 使用每个文档的查询项对一组文档进行排名，而不考虑文档中查询关键字之间的关系如何。

```
from sklearn.feature_extraction.text import TfidfVectorizer
texts=["Ramiess sings classic songs","he listens to old pop",
"and rock music", ' and also listens to classical songs']
vect = TfidfVectorizer()
X = vect.fit_transform(texts)
print(X.todense())
>> [[ 0.         0.         0.52547275  0.         0.
      0.         0.
   0.         0.         0.         0.52547275  0.
      0.52547275
   0.41428875  0.         ]
 [ 0.         0.         0.         0.         0.4472136
```

```
               0.4472136
  0.           0.           0.4472136    0.4472136    0.
  0.           0.
  0.           0.4472136 ]
 [ 0.           0.48693426   0.           0.           0.
  0.
  0.61761437   0.           0.           0.           0.61761437
  0.           0.
  0.           ]
 [ 0.48546061   0.38274272   0.           0.48546061   0.
  0.
  0.48546061   0.           0.           0.           0.
  0.           0.
  0.38274272   0.           ]]
```

### 1.4.8 文本分类器

文本可以被分为很多种类，例如正面和负面。TextBlob 提供了许多这样的架构。

```
from textblob import TextBlob
from textblob.classifiers import NaiveBayesClassifier
data = [
 ('I love my country.', 'pos'),
 ('This is an amazing place!', 'pos'),
 ('I do not like the smell of this place.', 'neg'),
 ('I do not like this restaurant', 'neg'),
 ('I am tired of hearing your nonsense.', 'neg'),
 ("I always aspire to be like him", 'pos'),
 ("It's a horrible performance.", "neg")
 ]
model = NaiveBayesClassifier(data)
model.classify("It's an awesome place!")
>> 'pos'
```

## 1.5 深度学习简介

深度学习是机器学习的一个扩展领域，它已经在文本、图像和语音等领域发挥了巨大作用。在深度学习下实现的算法集合与人脑中的刺激信号与神经元之间的关系具有相似性。深度学习在计算机视觉、语言翻译、语音识别、图像生成等方面具有广泛的应用。这些算法学起来很简单，无论是有监督的方法还是无监督的方法。

大多数深度学习算法都基于人工神经网络的概念，如今，大量可用的数据和丰富的计算资源使得这种算法的训练变得更容易。随着数据量的增长，深度学习模型的性能会不断提高。图 1-2 更好地诠释了这一点。

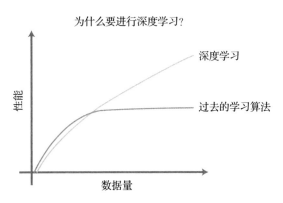

图 1-2　不同技术下数据量与性能的关系

深度学习中的"深"是指人工神经网络结构的深度，"学习"是指通过人工神经网络本身进行学习。图 1-3 准确地表示了深度和浅度神经网络之间的差异，以及为什么"深度学习"这个术语能带来效益。

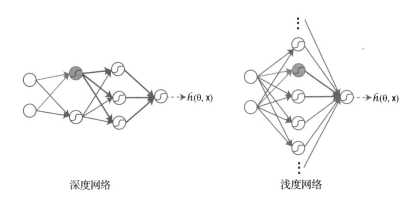

图 1-3　深度和浅度神经网络

深度神经网络能够从未标记和非结构化的数据中发现潜在的结构（也称为特征学习），这类数据包括图像（像素数据）、文档（文本数据）或文件（音频、视频数据）。

尽管人工神经网络和深度学习模型本质上具有相似的结构，但这并不意味着两种人工神经网络的组合在训练使用数据时与深度神经网络的表现类似。

深度神经网络与普通人工神经网络的区别在于使用反向传播的方式。在普通人工神经网络中，反向传播在训练靠后（或结束）层时比训练初始（或靠前）层更有效。因此，当返回网络时，误差变得更小并且更加分散。

**多深才算"深"**

当听到"深"这个词的时候，我们会立即被它暗示，但是浅度和深度神经网络之间并没有太大区别。深度神经网络只是一个具有多个隐藏层的前馈神经网络。是的，就这么简单！

如果网络中有很多层，那么我们就说这个网络具有深度。现在应该在你脑海中闪现的问题是，网络必须达到多少层才算是深度网络？

在开始学习应用于 NLP 领域的深度学习之前，回顾神经网络的基础知识及其不同类型将会对我们有所帮助。

下面将介绍基本神经网络的基本结构，以及在整个行业应用中使用的一些不同类型的神经网络。

---

注释 若想获取详细的学术理解，可以参考 Geoffrey Hinton(www.cs.toronto.edu/~hinton/)和其他人（http://deeplearning.net/）发表的论文和文章。

---

## 1.6 什么是神经网络

神经网络有着悠久的历史，它可以追溯到 Marvin Minsky 关于人工智能（AI）的开创性著作以及他对解决异或（XOR）函数挑战的著名评价。伴随可获取的数据量不断增大，以及可提供超强计算能力的云计算技术和 GPU 的出现，神经网络已经变得越来越普遍，并已经取得了重大进展。这些数据和运算技术已经在建模和分析方面带来了更高的准确性。

神经网络是一种由生物学启发的典范技术（模仿哺乳动物大脑的功能），它使得计算机能够从可观察的数据中学习人类的能力。神经网络目前提供了对许多问题的解决方案：图像识别、手写识别、语音识别、语音分析和 NLP。

为了帮助我们培养直观感，我们将日常执行的不同任务分为以下几类：

- 算术或线性推理（例如，A × B = C，或一系列任务，例如蛋糕的配方）
- 感知识别或非线性推理（例如，将动物名称与照片或减轻压力相匹配，或根据语音分析验证一段陈述）
- 通过观察来学习一项任务（例如，在 Google 汽车中导航）

第一个任务可以通过算法解决，即以编程的方式从数字或成分产生结果。但是，要为后面两类任务定义算法，即便可能，也将是困难的。后面的任务需要灵活的模型，它可以根据标记的示例自动调整其行为。

如今，统计算法或优化算法也在努力提供与可能的输入相关的正确输出，尽管需要指定函数来为数据建模，以便产生最佳系数集。与优化技术相比，神经网络是一种更灵活的功能，它可以自主地调整其行为，以便尽可能好地满足输入和预期结果之间的关系，因此它被称为通用近拟器。

鉴于神经网络算法的普遍使用，所有常用平台都提供了相关库（图 1-4），例如 R（knn，nnet 包）、Scala（机器学习 ML 扩展）和 Python（TensorFlow、MXNet、Keras）。

图 1-4　多个用于深度学习的开源平台和库

## 1.7 神经网络的基本结构

神经网络背后的基本原理是称为人工神经元或感知器的基本元素的集合,这些元素最初是由 Frank Rosenblatt 在 20 世纪 50 年代开发的。它们采用多个二元输入 $x_1, x_2, ..., x_N$,如果总和大于激活电位,则产生单个二进制输出。每当超过激活电位时,神经元便会执行称为"发射"的指令并且表现为阶梯函数。发射的神经元沿着信号传递到与其树突相连的其他神经元,同样,如果超过激活电位,其他神经元也会发射,从而产生级联效应(图 1-5)。

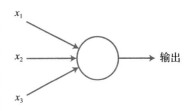

图 1-5 神经元样本

并非所有输入都具有相同的侧重,因此每个输入 $x_i$ 都被会被赋予一个权重值,以允许模型更加侧重某些输入。因此,如果加权和在考虑误差的情况下大于激活电位,则输出为 1,即:

$$\text{Output} = \sum_j w_j x_j + Bias$$

在实际应用中,由于阶梯函数的突变性质,这种简单方式很难起效(图 1-6)。因此,人们创造了一种用于提高可预测性的修正方式,即权重和偏差的微小变化仅在输出中产生微小变化,这里有两个主要修改。

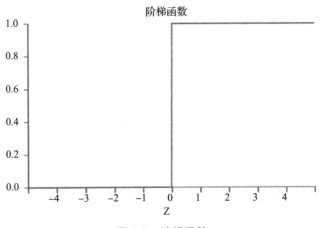

图 1-6 阶梯函数

1. 输入可以是 0 到 1 之间的任何值,而不一定是二元的。

2. 为了使给定输入 $x_1$, $x_2$, ..., $x_N$ 和权重 $w_1$, $w_2$, ..., $w_N$,以及误差 $b$ 的输出表现得更加平滑,使用下面的 sigmoid 函数(图 1-7):

$$1/(1 + \exp(-\sum_j w_j x_j - b))$$

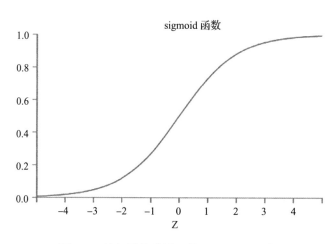

图 1-7 神经网络激活函数:sigmoid 函数

指数函数的平滑度(即或 σ),意味着权重和偏差的微小变化将会在神经元输出中产生微小变化(这种变化可能是权重和偏差变化的线性函数)。

除了常规的 sigmoid 函数之外,其他更为常用的非线性函数还包括以下这些函数,并且其中的每一个函数都可以有相似或不同的输出范围,可以根据需要相应地使用。

- ReLU(线性整流函数):这使得电位在输入值为 0 的时候被激活。它是通过如下函数计算的:

$$Z_j = f_j(x_j) = \max(0, x_j)$$

其中,$x_j$ 是第 $j$ 个输入值,$z_j$ 是应用线性整流函数 $f$ 之后的相应输出值。以下是线性整流函数的图表(图 1-8),当 $x \leq 0$ 时,所有输出值都为 0,当 $x > 0$ 时,输出值呈线性增长，且斜率为 1。

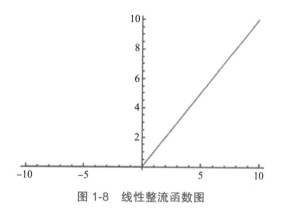

图 1-8　线性整流函数图

线性整流函数经常面临死亡的问题，特别是当学习率被设置为较高的值时，这是因为它会触发不允许激活特定神经元的权重更新，从而使该神经元的梯度永远为零。线性整流函数带来的另一个风险是激活函数的爆炸，这是因为输入值 $x_j$ 本身就是输出。尽管如此，线性整流函数还是有它的优点，例如在 $x_j$ 低于 0 的情况下引入稀疏性，使得模型可以用稀疏的方式表示，并且在线性整流函数不变的情况下返回梯度，这将带来更快的学习速度，并降低梯度消失的可能性。

- LReLUs（泄露线性整流函数）：通过为 $x$ 小于 0 的值引入略微减小的斜率（～0.01）来减轻线性整流函数死亡的问题。泄露线性整流函数确实有成功的使用情景，尽管并非总是如此。
- ELU（指数线性函数）：这种函数通过将附近的梯度移动到单位自然梯度，用负值将平均单位激活推向接近零，从而加快学习进程。

    有关 ELU 的更好解释，请参阅 Djork-ArnéClevert 的原始论文：https:// arxiv. org/ abs /1511.07289。
- Softmax：也称为归一化指数函数，它转换一组范围为（0，1）的给定实数值，使得总和为 1。softmax 函数表示如下：

$$\sigma(z)_j = e^{z_k} / \sum_{k=1}^{k} e^{z_k} \quad 对于 j = 1, \cdots, K$$

所有上述提到的函数都很容易微分化，这使得网络可以轻易地通过梯度下降法进行训练（将在下一节中介绍）。

与哺乳动物的大脑一样，单个神经元按层组织，在层内连接到下一层，由此创建人工神经网络（ANN）或多层感知器（MLP）。你可能已经猜到，复杂性取决于元素的数量和连接到的邻居数量。

输入和输出之间的层称为"隐藏层"，层与层之间的连接密度和类型称为"配置"。例如，在一个完全连接的配置中，所有 $L$ 层的神经元都连接到了 $L+1$ 层的神经元。若想获得更为区域化的网络，可以只将一个局部邻域（例如九个神经元）连接到下一层。图 1-9 展示了两个密集连接的隐藏层。

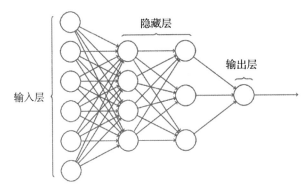

图 1-9　神经网络架构

## 1.8　神经网络的类型

到目前为止，我们一直在笼统地讨论人工神经网络，然而，根据架构和用法，神经网络有不同的类型。为了使神经网络能够以更快和更有效的方式学习，各种各样的神经元被以一种能使网络针对给定问题的学习效果最大化的方式放置在网络中。这种神经元的放置遵循一种可感知的方法，并产生架构化的网络设计，其中不同的神经元消耗其他神经元的输出，或者不同的函数将其他函数的输出作为输入。如果被放置时让神经元之间的连接采取循环的形式，那么它们可以形成诸如反馈、递归或循环等神经网络。然而，如果神经元之间的连接是非循环的，它们可以形成诸如前馈神经网络这样的网络。以下是所提及网络的详细说明。

### 1.8.1 前馈神经网络

前馈神经网络构成神经网络家族的基本单元。任何前馈神经网络中的数据移动都是从输入层经过现有的隐藏层抵达输出层的，不会出现任何类型的环路（图1-10）。一层的输出即为下一层的输入，网络架构中不会出现任何类型的环路。

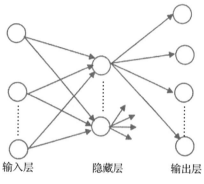

图 1-10　一个多层的前馈神经网络

### 1.8.2 卷积神经网络

卷积神经网络非常适合于图像识别和手写识别。它们的结构基于如下过程：首先对图像的窗口或一部分进行采样，然后检测其特征，最后使用这些特征来构建画像的表示方式。所以，这种结构会导致多个层的使用，因此这种模型是第一个深度学习模型。

### 1.8.3 循环神经网络

循环神经网络（RNN，图1-11）在数据模式随时间变化时使用。循环神经网络可以被假设为随着时间的推移而展开。在每个时间点，循环神经网络使用输出，将同一层应用于输入（也就是说将前一个时间点的状态作为输入）。

循环神经网络具有反馈回路，其中，来自前一次发射或时间点 T 处的输出被当作时间点 T + 1 处的输入之一。这里可能存在神经元将自身的输出作为输入的情况。这种特性非常适合用于涉及序列的应用，因此它们广泛用于与视频相关的问

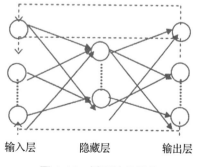

图 1-11　循环神经网络

题，视频其实就是图像的时间序列；它们也用于翻译目的，其中理解下一个单词需要基于先前文本的上下文。以下是不同种类的循环神经网络的介绍：

- **编码循环神经网络**：这组循环神经网络能够接收序列形式的输入（图 1-12）。

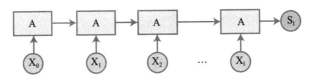

图 1-12　编码循环神经网络

- **生成循环神经网络**：这种网络的基本功能是输出一系列数字或值，例如句子中的单词（图 1-13）。

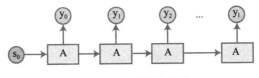

图 1-13　生成神经网络

- **广义循环神经网络**：这种网络是前两种循环神经网络的组合。广义循环神经网络（图 1-14）用于生成序列，因此广泛用于 NLG（自然语言生成）任务。

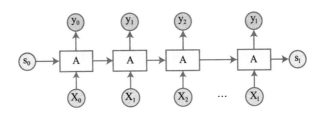

图 1-14　广义循环神经网络

### 1.8.4　编码器 – 解码器网络

编码器 – 解码器网络使用一个网络来创建输入的内部表示（即"对输入进行编码"），并且这种内部表示被用作另一个网络的输入以产生输出。这有助于超越对输入的分类。最终的输出可以是相同模态的，例如语言翻译，或是不同模态的，例如基于概念的图像文本标记。可以参考 Google 团队发表的论文：https://papers.nips.cc/paper/5346-sequence-to-sequence-learning-with-neural-networks.pdf。

### 1.8.5 递归神经网络

在递归神经网络（图 1-15）中，一组固定的权重被递归地应用于网络结构，它们主要用于探索数据的层次或结构。循环神经网络的形式是链，而递归神经网络则是树状结构。这种网络在自然语言处理领域有着很大的用途，例如破译句子的情感。整体的情感不仅取决于单词，还取决于单词在句子中按语法分组的顺序。

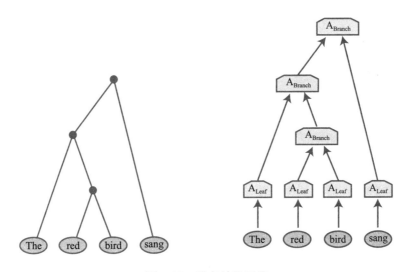

图 1-15 递归神经网络

可以看出，网络分为不同的类型，虽然一些网络可以应用于许多不同的环境，但是在速度和质量上，特定的网络更适合某些应用。

## 1.9 多层感知器

多层感知器（MLP）属于前馈神经网络的一种，它由三种类型的层组成：输入层、一个或多个隐藏层和最终输出层。多层感知器一般具有如下属性：

- 其中包含任意数量神经元的隐藏层
- 使用线性函数的输入层
- 隐藏层使用激活函数，例如 sigmoid 函数
- 可提供任意数量输出的激活函数
- 输入层、隐藏层和输出层之间存在适当建立的连接

多层感知器也称为通用近拟器，因为它们可以找到输入值与目标之间的关系，其方法有三种：在隐藏层中使用足够数量的神经元，改变权重，或者使用额外的训练数据来将给定的函数近拟至任何级别的准确度。这甚至不需要提前提供极大数量的有关输入和输出值之间的映射信息。通常，带有给定自由度的多层感知器比基本的多层感知器表现更好，这是通过加入在每一层带有更少神经元的更多隐藏层和最优权重来实现的。这在整体上有助于模型的泛化过程。

以下是网络架构中对性能有直接影响的一些特征：

- 隐藏层：它们影响网络的泛化因素。在大多数情况下，单个隐藏层足以包含任何所需函数的近似值，并由足够的神经元支持。
- 隐藏神经元：隐藏层中的神经元数量可以通过任何方式来选择。基本的经验法则是选择一个和几个输入单位之间的计数。另一种方法是使用交叉验证，然后检查隐藏层中神经元数量与每个组合的平均均方误差（MSE）之间的关系图，最后选择具有最小平均均方误差的组合。它还取决于非线性程度或初始问题的维度。因此，添加 / 删除神经元更多地是一种自适应过程。
- 输出节点：输出节点的个数通常等于想要对目标值进行分类的个数。
- 激活函数：它们应用于各个节点的输入。在本章的 1.7 节中，已详细介绍非线性函数，它们用于将输出限定在所需范围之内，从而防止网络瘫痪。除了非线性之外，这些函数的连续可微性有助于防止对神经网络训练的抑制。

由于多层感知器给出的输出仅取决于当前的输入，而不取决于先前或未来的输

入，因此多层感知器被认为适合用于解决分类问题。

图 1-16 显示多层感知器中总共有 ($L + 2$) 层，输入层位于第一层，其次是 $L$ 个隐藏层，最后是处于 ($L + 2$) 层的输出层。以下公式定义了多层感知器中的不同单元，其中激活函数应用于网络的不同阶段。

$W(k)$ 表示第 $k$ 个隐藏层与其之前的层、输入层或另一个隐藏层之间的加权连接。每个 $W(k)$ 由两个连接层的单元 $i$ 和 $j$ 之间的权重 $W_{ij}^{(k)}$ 组成。$b(k)$ 是指第 $k$ 层的误差。

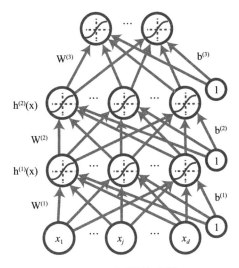

图 1-16 多层神经网络

以下等式表示 $k > 0$ 时隐藏层的预激活：

$$a^{(k)}(x) = b^{(k)} + W^{(k)} h^{(k-1)}(x)$$

对于存在于第 $k$ 个隐藏层中的任何第 $i$ 个神经元，以下等式成立：

$$h^{(k)}(x)_i = g(a^{(k)}(x)_i)$$

输出层（$k = L + 1$）的激活函数如下：

$$h^{(L+1)}(x) = o(a^{(L+1)}(x)) = f(x)$$

## 1.10 随机梯度下降

几乎所有优化问题解决方案的主力都是梯度下降算法。它是一种迭代算法，通过在迭代后更新函数的参数来使损失函数最小化。

如图 1-17 所示，首先将函数视为一个山谷，想象一个球正从山谷的斜坡上滚下来。日常经验告诉我们，球最终会滚到山谷的底部。也许我们可以使用这个方法找到损失函数的最小值。

在这里,我们使用的函数依赖于两个变量:$v_1$ 和 $v_2$。这可能是显而易见的,因为损失函数看起来像上图表达的那样。为了实现这种平滑损失函数,我们采用损失的二次方,如下:

$$(y - y^{predicted})^2$$

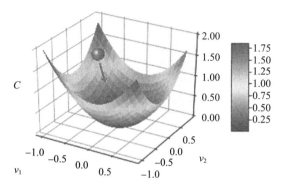

图 1-17 球正从斜坡上滑下

再次强调,读者应该注意到二次损失函数只是一种方法,还有许多其他方法来定义损失。最终,选择不同损失函数的目的是为了获得:

1. 关于权重的平滑偏导数。
2. 良好的凸曲线,实现全局最小化。然而,在寻找全局最小值时,还有许多其他因素(学习率、函数形状等)会产生影响。

我们随机选择一个(假想的)球的起点,然后模拟球向下滚动到山谷底部时的运动。在类似的类比中,假设在曲线上某个任意点初始化网络的权重,或用更笼统的说法,初始化函数的参数(就像在斜坡的任何一点上丢球一样),然后检查附近的斜率(导数)。

我们知道,由于重力,球会滚向坡度最大的方向。同样,我们将权重移动至该点的导数方向,并按以下规则更新权重:

设 $J(w)$ = 损失,作为权重的函数
$w$ = 网络的参数($v_1$ 和 $v_2$)
$w_i$ = 初始权重集(随机初始化)

$$w_{updated} = w_i - \eta \mathrm{d}J(w)/\mathrm{d}w$$

这里，$dJ(w)/dw$ = 权重 $w$ 对 $J(w)$ 的偏导数
$\eta$ = 学习率。

学习率更多地是一种超参数，没有固定的方法来找到最合适的学习率，但是，总是可以通过查看批量损失的方式来找到它。

其中一种方法是查看损失并分析损失的形态。一般来说，一个不良的学习率会导致小批量下的不稳定损失。它（损失）可以递归地上下移动，但不会稳定。

图 1-18 通过图形给出了更直观的解释。

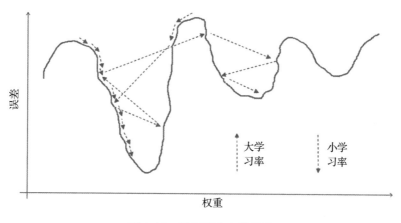

图 1-18　学习率大小的影响

上图表示了两种情况：

1. 小学习率
2. 大学习率

目的是达到上图中的最小值，并且必须到达山谷的底部（就像球的例子那样）。现在，学习率与球滚下山时的跳跃有关。

首先考虑第一种情况（图的左侧部分），我们在其中进行小跳跃，逐渐向下滚动，最终缓慢地达到最小值，球有可能在沿途的一些小缝隙中卡住并且无法摆脱，因为它

无法进行大跳跃。

在第二种情况中（图的右侧部分），相比于曲率的斜率，学习率更大。这是一个次优的策略，实际上可能会直接跳出山谷，在某些情况下，这可能是一个良好的开端，因为它可以帮助我们摆脱局部最小值，但如果跳过全局最小值，那样的结果根本不会令人满意。

在图中，我们即将达到局部最小值，但这只是一种情况。这意味着权重陷入了局部最小值，并且我们错过了全局最小值。梯度下降或随机梯度下降无法保证收敛到神经网络的全局最小值（假设隐藏单位不是线性的），因为损失函数是非凸的。

一个理想的情况是步长持续变化，并且在性质上更具适应性，在开始时略高，然后在一段时间后逐渐减小，直到收敛。

## 1.11 反向传播

理解反向传播算法可能需要一些时间，如果正在寻求神经网络的快速实现，那么可以跳过本节，因为现有的库具有自动求微分和执行整个训练过程的能力。但是，理解这个算法肯定会让你更深入地了解与深度学习相关的问题（学习问题、慢学习、梯度爆炸、梯度消失）。

梯度下降是一种强大的算法，但它会在权重数量增加时变得缓慢。在神经网络具有上千个参数的情况下，相对于损失函数训练每个权重，或者更确切地说，根据所有权重来计算损失，将变得非常缓慢和极其复杂，因而难以用于实际用途。

感谢 Geoffrey Hinton 及其同事在 1986 年发表的开创性论文，我们有了一个非常快速和漂亮的算法，它可以帮助我们找到每个权重损失的偏导数。该算法是每种深度学习算法训练过程的主力。更详细的信息可以从这里找到：

www.cs.toronto.edu/~hinton/backprop.html。

这是计算精确梯度的最有效方法,并且它与计算损失本身具有相同的 O() 复杂度。反向传播的证明超出了本书的范围,但是,对该算法的直观解释可以让人对其复杂的运算有一个深入的理解。

反向传播对误差函数有两个基本假设:

1. 总误差可写为训练样本 / 小批量的个别误差的总和,

$$E = \sum E_x$$

2. 误差可写为网络输出的函数

反向传播包括两部分:

1. 正向传递,其中我们初始化权重并建立前馈网络以存储所有值
2. 逆向传递,用存储的值更新权重

偏导数、链规则和线性代数是处理反向传播的主要工具(图 1-19)。

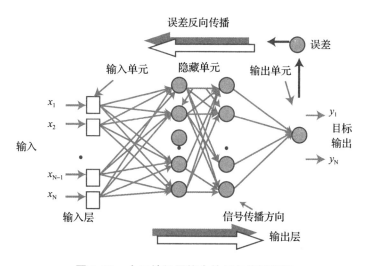

图 1-19　人工神经网络中的反向传播机制

最初,所有边的权重都是随机分配的。对于训练数据集中的每个输入,人工神经

网络被激活,并且其输出将被记录。将此输出与我们已知的所需输出进行比较,并将误差"传播"回上一层。记下该误差,并相应地"调整"权重。重复该过程直到输出误差低于预定阈值。

一旦上面的算法终止,我们就会有一个"有学问的"人工神经网络,我们认为它可以用于"新"输入。我们认为这个人工神经网络从例子(标记数据)和它的错误(误差传播)中学到了东西。

好奇的读者应该研究关于反向传播的原始论文。我们提供了一系列资源和博客,用于更深入地了解该算法。但是,当涉及实现时,很难编写自己的反向传播代码,因为大多数库都支持自动求微分,并且你不会真的想要调整反向传播算法。

关于反向传播的通俗描述是,我们尝试按顺序更新权重,首先在网络上进行正向传递,之后首先使用标签和最后一层的输出更新最后一层的权重,然后递归地将此信息用于上一层并继续。

## 1.12 深度学习库

本节将介绍一些广泛使用的深度学习库,包括 Theano、TensorFlow 和 Keras,以及每个库的基本教程。

### 1.12.1 Theano

Theano 是一个开源项目,主要由蒙特利尔大学开发,并由 Yoshua Bengio 监督。它是一个 Python 中的数值计算库,其语法类似于 NumPy,在用于对多维数组执行复杂的数学表达式时非常高效,这使它成为神经网络的完美选择。

链接 http://deeplearning.net/software/theano 将使用户更好地了解相关的各种操作。我们将提供 Theano 在不同平台上的安装步骤,以及相关的基本教程。

Theano 是一个数学库,它提供了创建机器学习模型的方法,这些模型可以在以后用于多个数据集。许多工具都实现于 Theano 的基础之上，主要包括：

- Blocks http://blocks.readthedocs.org/en/latest/
- Keras http://keras.io/
- Lasagne http://lasagne.readthedocs.org/en/latest/
- PyLearn2 http://deeplearning.net/software/pylearn2/

> 注释 需要指出的是，在编写本书时，由于其他深度学习包的使用量大幅增加，社区成员已停止对 Theano 包进行维护。

### 1.12.2 Theano 安装

以下命令可以轻松地将 Theano 安装在 Ubuntu 上：

```
> sudo apt-get install python-numpy python-scipy python-dev
python-pip python-nose g++ libopenblas-dev git
> sudo pip install Theano
```

有关在不同平台上安装 Theano 的详细说明，请参阅以下链接：http://deeplear-ning.net/software/ theano/install.html。甚至可以使用具有 CPU 和 GPU 兼容性的 docker 镜像。

> 注释 建议在单独的虚拟环境中继续安装。

最新版本的 Theano 可以从开发版本安装，可通过以下指令获得：

```
> git clone git://github.com/Theano/Theano.git
> cd Theano
> python setup.py install
```

对于 Windows 环境的安装，请执行以下步骤（源自 Stack Overflow 上的答案）：

1. 安装 TDM GCC x64 (http://tdm-gcc.tdragon.net/)。

2. 安装 Anaconda x64 (www.continuum.io/downloads，示例安装路径 C:/Anaconda)。

3. Anaconda 安装完成后，执行以下指令：

   a. conda update conda

   b. conda update -all

   c. conda install mingw libpython

4. 在环境变量 PATH 中包含 "C:\Anaconda\Scripts"。

5. 安装 Theano，可以使用旧版本或最新版本。

   a. 旧版本：

   > pip install Theano

   b. 最新版本：

   > pip install --upgrade --no-deps git+git://github.com/Theano/Theano.git

### 1.12.3  Theano 示例

下面介绍 Theano 库中的基本代码。Theano 库的 Tensor 子包中包含大多数必需的符号。

以下示例使用 Tensor 子包，并对两个数字进行操作（包含输出，供参考）：

```
> import theano
> import theano.tensor as T
> import numpy
> from theano import function
# Variables 'x' and 'y' are defined
> x = T.dscalar('x')              # dscalar : Theano datatype
> y = T.dscalar('y')

# 'x' and 'y' are instances of TensorVariable, and are of
dscalar theano type
> type(x)
<class 'theano.tensor.var.TensorVariable'>
> x.type
TensorType(float64, scalar)
```

```
> T.dscalar
TensorType(float64, scalar)
# 'z' represents the sum of 'x' and 'y' variables. Theano's pp
function, pretty-print out, is used to display the computation
of the variable 'z'
> z = x + y
> from theano import pp
> print(pp(z))
(x+y)
# 'f' is a numpy.ndarray of zero dimensions, which takes input
as the first argument, and output as the second argument
# 'f' is being compiled in C code
> f = function([x, y], z)
```

可以通过以下方式使用上述函数执行加法运算:

```
> f(6, 10)
array(16.0)
> numpy.allclose(f(10.3, 5.4), 15.7)
True
```

### 1.12.4 TensorFlow

TensorFlow 是一个由谷歌开发的开源库,用于大规模机器学习的实现。TensorFlow 是 DistBelief 真正意义上的继承者,DistBelief 是谷歌发布的早期软件框架,能够利用数千台机器来训练大型模型。

TensorFlow 是谷歌大脑团队的软件工程师和研究人员的心血结晶,谷歌大脑团队是谷歌公司(现为 Alphabet)的一部分,主要专注于深度学习及其应用。TensorFlow 利用数据流图进行数值运算,下一小节中将会详细说明。它通过同一个 API 就能在单个台式机、多个服务器或移动设备的 CPU 或 GPU 系统上执行计算。

TensorFlow 使得高密度计算任务从 CPU 转移到异构 GPU 导向的平台,并且代码变化非常小。此外,在一台机器上训练的模型可以用在另一个轻型设备上,例如支持 Android 的移动设备,用于最终的实现。TensorFlow 是实现诸如 DeepDream 和 RankBrain 等应用程序的基础。DeepDream 是一个自动图像字幕软件,而 RankBrain

可帮助 Google 处理搜索结果并向用户提供更相关的搜索结果。

为了更好地了解 TensorFlow 的工作和实现，可以阅读相关的白皮书：http://download.tensorflow.org/paper/whitepaper2015.pdf。

### 1.12.5 数据流图

TensorFlow 使用数据流图来表示以图为形式执行的数学计算。它利用带有节点和边的有向图。节点表示数学运算，并充当数据输入、结果输出或持续变量读/写的终端。边处理节点之间的输入和输出关系。数据边在节点之间携带张量，即动态大小的多维数据数组。TensorFlow 这个名称就是来源于这些张量单元在整个图中的移动。图中的节点一旦在从输入边接收到它们各自的张量时，就会异步且并行地执行。

数据流图中涵盖的计算的总体设计和流程发生在会话中，然后在所需的机器上执行。TensorFlow 提供 Python、C 和 C++ 的 API，并依赖于 C++ 进行优化计算。

由于具有以下特性，TensorFlow 是机器学习领域所需的大规模并行性和高可扩展性的最佳选择。

- 深度的灵活性：用户已获得充分授权，可以在 TensorFlow 基础之上编写自己的库。只需要以图的形式创建整个计算，其余工作将由 TensorFlow 处理。
- 真正的可移植性：TensorFlow 的可扩展性使得在笔记本电脑上编写的机器学习模型能够在 GPU 上训练，以便更快地进行模型训练，并可以在无须更改代码的前提下，作为云服务部署在移动设备、最终产品或 Docker 上。
- 自动求微分：TensorFlow 通过其自动微分功能处理基于梯度的机器学习算法的导数计算。导数值的计算有助于理解值相对于彼此的扩展图。
- 语言选择：TensorFlow 提供 Python 和 C++ 接口来构建和执行计算图。
- 性能最大化：TensorFlow 图中的计算元素可以分配给多个设备，TensorFlow 通过对线程、队列和异步计算的广泛支持来达到性能的最大化。

### 1.12.6　TensorFlow 安装

就像任何其他 Python 包一样，TensorFlow 的安装非常简单，并且可以使用单个 pip install 命令实现。此外，如果需要，用户可以按照 TensorFlow 主站点上的详细安装说明进行操作（www.tensorflow.org/versions/r0.10/get_started/os_setup.html，对 r0.10 版）。

通过 pip 进行安装之前必须安装与平台相关的二进制包。有关 TensorFlow 软件包及其存储库的更多详细信息，请参阅以下链接：https://github.com/tensorflow/tensorflow。

有关在 Windows 上安装 TensorFlow 的流程，请查看以下博客链接：www.hanselman.com/blog/PlayingWithTensorFlowOnWindows.aspx。

### 1.12.7　TensorFlow 示例

运行和测试 TensorFlow 就像它的安装一样简单。官方网站 www.tensorflow.org/ 上的教程非常清晰，涵盖了从基础到专家级的示例。

以下是一个 TensorFlow 的基础示例（包含输出供参考）：

```
> import tensorflow as tf
> hello = tf.constant('Hello, Tensors!')
> sess = tf.Session()
> sess.run(hello)
Hello, Tensors!

# Mathematical computation
> a = tf.constant(10)
> b = tf.constant(32)
> sess.run(a+b)
42
```

run() 方法接收计算的结果变量作为参数，并为此建立所需调用的反向链。

TensorFlow 图由不需要任何类型输入（例如源数据）的节点形成。然后，这些节点将其输出传递给更远的节点，后者对产生的张量执行计算，整个过程以此模式移动。

以下示例使用 Numpy 创建两个矩阵，然后使用 TensorFlow 将这些矩阵指定为 TensorFlow 中的对象，然后将这两个矩阵相乘。第二个例子包括两个常数的加法和减法。TensorFlow 会话也会被激活以执行操作，并在操作完成后停用。

```
> import tensorflow as tf
> import numpy as np
> mat_1 = 10*np.random.random_sample((3, 4))    # Creating NumPy
                                                  arrays
> mat_2 = 10*np.random.random_sample((4, 6))
# Creating a pair of constant ops, and including the above made
matrices
> tf_mat_1 = tf.constant(mat_1)
> tf_mat_2 = tf.constant(mat_2)
# Multiplying TensorFlow matrices with matrix multiplication
operation
> tf_mat_prod = tf.matmul(tf_mat_1 , tf_mat_2)

> sess = tf.Session()              # Launching a session

# run() executes required ops and performs the request to store
output in 'mult_matrix' variable
> mult_matrix = sess.run(tf_mat_prod)
> print(mult_matrix)

# Performing constant operations with the addition and
subtraction of two constants
> a = tf.constant(10)
> a = tf.constant(20)
> print("Addition of constants 10 and 20 is %i " % sess.run(a+b))
Addition of constants 10 and 20 is 30
> print("Subtraction of constants 10 and 20 is %i " % sess.run(a-b))
Subtraction of constants 10 and 20 is -10

> sess.close()                     # Closing the session
```

> 注释　由于上面的示例中没有使用 TensorFlow 指定图形，因此会话仅使用默认实例。

## 1.12.8 Keras

Keras 是一个高度模块化的神经网络库,运行在 Theano 或 TensorFlow 之上。Keras 是同时支持卷积神经网络和循环神经网络的库之一(我们将在后面的章节中详细讨论这两个神经网络),并且可以毫不费力地运行在 GPU 和 CPU 上。

模型被理解为由那些可以在尽可能少的限制下被组合在一起的独立且完全可配置的模块所形成的序列或图。特别是,神经层、损失函数、优化器、初始化模式、激活函数、正则化模式都是可以进行组合以创建新模型的独立模块。

### 1.12.8.1 Keras 安装

除了 Theano 或 TensorFlow 作为后端之外,Keras 还有少量依赖库。在安装 Theano 或 TensorFlow 之前安装它们可以简化安装过程。

```
> pip install numpy scipy
> pip install scikit-learn
> pip install pillow
> pip install h5py
```

>  注释　Keras 总是需要安装最新版本的 Theano(如上一节所述)。我们在全书中使用 TensorFlow 作为 Keras 的后端。

```
> pip install keras
```

### 1.12.8.2 Keras 原理

Keras 中提供的模型是它的主要数据结构中的一部分。每个模型都是可定制的实体,可以由不同的层、损失函数、激活函数和正则化模式组成。Keras 提供各种预先构建的层来插入神经网络,其中一些包括卷积、辍学、汇集、本地连接、循环、噪声和标准化层。网络的个体层被认为是下一层的输入对象。

Keras 主要用于实现神经网络和深度学习,除相关的神经网络之外,Keras 中的代码片段也将包含在后面的章节中。

#### 1.12.8.3　Keras 示例

Keras 的基本数据结构是模型类型，它由网络的不同层组成。序列模型是 Keras 中的主要模型类型，其中的层会逐层添加，直到最终输出层。

以下 Keras 示例使用来自 UCI 机器学习知识库的输血数据集。可以在这里找到有关该数据的详细信息：https://archive.ics.uci.edu/ml/datasets/Blood + Transfusion + Service + Center。这些数据来自一个输血服务中心，除目标变量外，还有四个属性。该数据集的问题类型是二元分类，其中"1"代表捐献血液的人，"0"代表拒绝献血的人。关于属性的更多细节可以从所提到的链接中获取。

请将网站上共享的数据集保存在当前工作目录中（如果可能，删除标头）。我们首先加载数据集，在 Keras 中构建基本的 MLP 模型，然后使用数据集拟合模型。

Keras 中基本的模型类型是序列的，这为模型提供了逐层递增的复杂性。其中的多个层可以通过它们各自的配置来创建，并堆叠在初始基础模型上。

```
# Importing the required libraries and layers and model from Keras
> import keras
> from keras.layers import Dense
> from keras.models import Sequential
> import numpy as np

# Dataset Link : # https://archive.ics.uci.edu/ml/datasets/Blood
+Transfusion+Service+Center
# Save the dataset as a .csv file :
tran_ = np.genfromtxt('transfusion.csv', delimiter=',')
X=tran_[:,0:4]           # The dataset offers 4 input variables
Y=tran_[:,4]             # Target variable with '1' and '0'
print(x)
```

由于输入数据有四个相应的变量，因此 input_dim（指不同输入变量的个数）被设置为 4。我们利用 Keras 中由密集层定义的完全连接层来构建附加层。网络结构的选择是基于问题的复杂性来完成的。此例中,第一个隐藏层由 8 个神经元组成,它们负责进一步捕获非线性。该层已使用均匀分布的随机数进行初始化,激活函数为本章描述过的 ReLU。第二层有六个神经元和类似前一层的配置。

```
# Creating our first MLP model with Keras
> mlp_keras = Sequential()
> mlp_keras.add(Dense(8, input_dim=4, init='uniform',
activation='relu'))
> mlp_keras.add(Dense(6, init='uniform', activation='relu'))
```

在最后一层输出中,我们将激活设置为 sigmoid,如前所述,它负责生成 0 到 1 之间的值,并有助于二元分类。

```
> mlp_keras.add(Dense(1, init='uniform', activation='sigmoid'))
```

为了编译此网络,我们使用对数损失的二进制分类,并选择 Adam 作为默认选择的优化器,并将准确率作为要跟踪的指标。通过反向传播算法,以及给定的优化算法和损失函数来训练网络。

```
> mlp_keras.compile(loss = 'binary_crossentropy',
optimizer='adam',metrics=['accuracy'])
```

模型的批量大小(batch_size)是一个可行的值,并使用少量的迭代(nb_epoch)对给定数据集进行训练。选择参数时可以基于使用这种类型的数据集的先前经验,或者甚至可以使用网格搜索来优化这些参数的选择。在必要时,我们将在后面的章节中介绍这个概念。

```
> mlp_keras.fit(X,Y, nb_epoch=200, batch_size=8, verbose=0)
```

下一步是最终评估已构建的模型,并检查初始训练数据集的性能指标、损失和准确性。可以对模型不熟悉的测试数据集执行相同操作,以更好地衡量模型的性能。

```
> accuracy = mlp_keras.evaluate(X,Y)
> print("Accuracy : %.2f%% " %  (accuracy[1]*100 ))
```

如果想使用不同的参数组合和其他调整来进一步优化模型,可以在模型创建和验证时使用不同的参数和步骤,尽管这样并不总是能产生更好的性能。

```
# Using a different set of optimizer
> from keras.optimizers import SGD
> opt = SGD(lr=0.01)
```

下面的代码创建一个模型,其配置与之前模型中的配置类似,但使用不同的优化器,并包含来自初始训练数据的验证数据:

```
> mlp_optim = Sequential()
> mlp_optim.add(Dense(8, input_dim=4, init='uniform',
activation='relu'))
> mlp_optim.add(Dense(6, init='uniform', activation='relu'))
> mlp_optim.add(Dense(1, init='uniform', activation='sigmoid'))

# Compiling the model with SGD
> mlp_optim.compile(loss = 'binary_crossentropy',
optimizer=opt, metrics=['accuracy'])

# Fitting the model and checking accuracy
> mlp_optim.fit(X,Y, validation_split=0.3, nb_epoch=150,
batch_size=10, verbose=0)
> results_optim = mlp_optim.evaluate(X,Y)
> print("Accuracy : %.2f%%" % (results_optim[1]*100 ) )
```

请确保在进行下一步学习之前已安装前面提到的所有用于自然语言处理和深度学习的软件包。一旦设置好系统,就可以使用本书中提供的示例。

## 1.13 下一步

第 1 章介绍了自然语言处理和深度学习的领域知识,以及开源 Python 库中的相关示例。我们将在接下来的章节中深入讨论这些内容,介绍自然语言处理当前行业范围内的问题,以及深度学习如何以有效的方式解决这些问题。

# 第 2 章 词向量表示

在处理语言和单词时，我们最终可能会在数千个类中对文本进行分类，以用于多个自然语言处理（NLP）任务。近年来人们在该领域进行了大量研究，这些研究使得语言中的单词可以转换为向量的形式，从而应用于多种算法和进程。本章将深入解释词嵌入及其有效性，并介绍它们的起源，还将比较用于完成各种 NLP 任务的不同模型。

## 2.1 词嵌入简介

语言项之间的语义相似性分类和量化属于分布式语义的范畴，并且基于它们在语言使用中的分布。向量空间模型长期以来一直被用于分布式语义目的，它以向量的形式表示文本文档和查询语句。通过以向量空间模型在 N 维向量空间中来表示单词，可以帮助不同的 NLP 算法实现更好的结果，因为这使得相似的文本在新的向量空间中组合在一起。术语"词嵌入"（Word Embedding）由 Yoshua Bengio 在他的论文"神经概率语言模型"（www.jmlr.org/papers/ volume3/bengio03a/bengio03a.pdf）中创造。其次由 Ronan Collobert 和 Jason Weston 在他们的论文"自然语言处理的统一架构"（https://ronan.collobert.com/pub/ matos/2008_nlp_icml.pdf）中提到，其中，作者演示了如何使用多任务学习和半监督学习来改进共享任务的泛化。最后，Tomas Mikolov 等人创建了 word2vec 并深入研究了词嵌入，阐明了词嵌入的训练以及预训练词嵌入的使用。在那之后，Jeffrey Pennington 引入了 GloVe，这是另一套预训练的词嵌入。

事实证明，词嵌入模型比词袋模型或单热编码方案更有效，后者由稀疏向量组成，其大小与最初使用的词汇表大小相同。向量表示中的稀疏性是由词汇表的巨大以及对其中的单词或文档在索引位置加标签造成的。词嵌入已经取代了这个概念，它利用所有个体单词相邻的单词，使用给定文本中的信息并将其传递给模型。这使得嵌入以密集向量的形式存在，这在连续向量空间中表示个体单词的投影。因此，嵌入指的是单词在新学习的向量空间中的坐标。

下面的示例介绍词向量的创建，对样本词汇表中的单词使用单热编码，然后是词向量的重组。它使用分布式的表示方法，并显示如何使用最终的向量组合来推断单词之间的关系。假设词汇表包含 Rome、Italy、Paris、France 和 Country。我们可以为每一个单词创建一个表达，使用单热方案来表示所有单词，如图 2-1 中的 Rome。

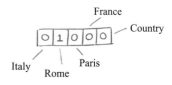

图 2-1　Rome 的表示

使用上文中以向量形式呈现单词的方法，我们或多或少地只能通过比较单词的向量来测试它们之间的相等性。这种方法不能用于其他更高的目的。在更好的表示形式中，可以创建多个层次结构或分段，其中可以为每个单词显示的信息分配不同的权重。这些分段或维度的选择可以是我们决定的，并且每个单词将由这些段中的权重分布表示。所以，现在我们有了一种新的单词表示格式，其中每个单词具有不同的比例（图 2-2）。

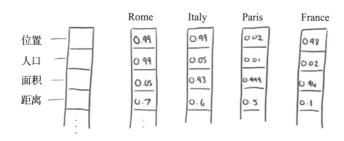

图 2-2　新的表达形式

上图中用于每个单词的向量注明了单词的实际含义，并提供了更好的尽量，可用于对单词进行比较。这种新形成的向量足以回答单词之间保持何种关系。图 2-3 表示这种新方法形成的向量。

不同单词的输出向量保留了语言规则和模式，这些模式的线性转换可以证实这一点。例如，下列向量和单词之间的差异结果如图 2-4 所示，向量（France）- 向量（Paris）+ 向量（Italy）的结果接近向量（Rome）。

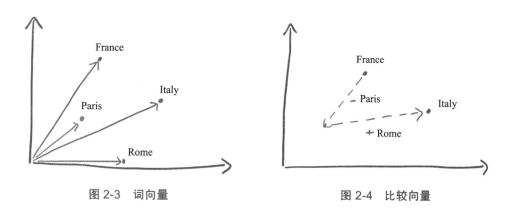

图 2-3　词向量　　　　　　　　　　图 2-4　比较向量

随着时间的推移，词嵌入已经成为无监督学习领域最重要的应用之一。词向量提供的语义关系有助于神经机器翻译、信息检索和问答应用中的 NLP 方法。

**神经语言模型**

Bengio 提出的前馈神经网络语言模型（FNNLM）引入了前馈神经网络，该网络由单个可预测序列中后续单词的隐藏层组成，在示例中，我们仅预测下一个单词。

我们通过训练神经网络语言模型来找到 $\theta$，它用于将训练语料库的惩罚对数可能性最大化：

$$L = \frac{1}{T} \sum_t \log f(w_t, w_{t-1}, \cdots, w_{t-n+1}; \theta) + R(\theta)$$

这里，$f$ 是复合函数，由与词汇表中存在的每个单词的分布式特征向量相关的参数以及前馈或递归神经网络的参数组成。$R(\theta)$ 是指正则化项，它将权重衰减惩罚应用于神经网络和特征向量矩阵的权重。函数 $f$ 使用先前的 $n$ 个单词来返回由 softmax 函数针对第 $t$ 位置的单词计算的概率值。

Bengio 引入的模型是该类型中的第一个，并为后来的词嵌入模型奠定了基础。这些原始模型的组成部分仍然应用于当前的词嵌入模型中，其中一些包括：

1. **嵌入层**：这一层记录训练数据集中所有单词的表示。它由一组随机权重初始化。嵌入层由三个部分组成，包括词汇表的大小、词嵌入向量的输出大小以及模型输入序列的长度。嵌入层的结果输出是二维向量，它包含给定单词序列中所有单词的最终嵌入。

2. **中间层（可以是多个）**：隐藏层位于初始层到最终层之间，可以有一个或多个。它通过将神经网络中的非线性函数应用于先前 $n$ 个词的词嵌入，来产生输入文本数据的表示。

3. **Softmax 层**：这是神经网络体系结构的最后一层，它返回输入词汇表中存在的所有单词的概率分布。

Bengio 的论文提到了 softmax 函数归一化所涉及的计算成本，该成本与词汇量大小成正比。这对于新的神经语言模型算法和完整词汇表大小的词嵌入模型带来了挑战。

神经网络语言模型有助于实现当前词汇表中不存在的单词的泛化，如果一个之前从未出现过的单词序列与已经出现在句子中的单词相似，那么它会被赋予更高的概率。

## 2.2 word2vec

由 Tomas Mikolov 等人引入的 word2vec（也称为 word-to-vector）模型（https://arxiv.org/pdf/1301.3781.pdf）是最常应用的模型之一，它用于学习词嵌入或单词的向量表示。该论文通过检查词组之间的相似性来比较所提出的模型与先前模型的性能，文中提出的技术使得相似单词的向量表示可以从多个角度反应其相似性。单词表示间的相似性超出了简单的语法规则，还可以对词向量进行简单的代数运算。

word2vec 模型在内部使用一个单层的简单神经网络，并捕获隐藏层的权重。训练模型的目的是学习隐藏层的权重，这代表"词嵌入"。虽然 word2vec 使用神经网络架构，但它本身的架构并不复杂，也没有使用任何类型的非线性函数。目前来说，它还算不上是深度学习。

word2vec 提供了一系列在 $n$ 维空间中表示单词的模型，这些模型使得具有类似含义的单词和相似单词在空间中的位置互相接近。这证明了用向量空间表示单词这一行为的正确性。我们将介绍两个最常用的模型 skip-gram 和连续词袋（CBOW），然后在 TensorFlow 中实现它们。两种模型在算法上相似，它们的区别仅在于执行预测时的方式。CBOW 模型利用上下文或周围的单词来预测中心词，而 skip-gram 模型使用中心词来预测上下文词。与单热编码相比，word2vec 有助于减小编码空间的大小，并将单词的表示压缩到所需的向量长度（图 2-5）。word2vec 创建单词表示的方式基于单词的上下文。例如，同义词、反义词、语义概念相近的单词和类似的单词在一段文本中具有相似的语境，因此它们以相似的方式嵌入，并且其最终的嵌入会更彼此接近。

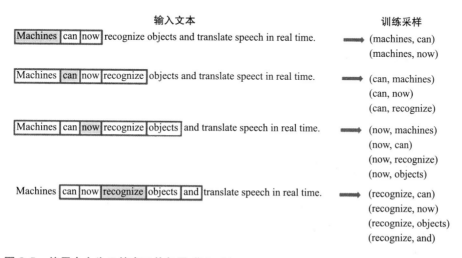

图 2-5　使用大小为 2 的窗口从句子"Machines can now recognize objects and translate speech in real time"中选择单词并训练模型

## 2.2.1 skip-gram 模型

skip-gram 模型使用序列中的当前单词来预测周围的单词。周围单词的分类得分基于语法关系和它们与中心词一起出现的次数。序列中出现的所有单词都将作为对数线性分类器的输入，该分类器进而预测在中心单词之前和之后出现的某个预先指定的单词范围内的单词。单词范围的选择与所得词向量的质量和计算复杂性之间存在折中。随着与相关单词的距离增加，较远单词与当前单词的相关级别比相近单词更低。这可以通过将权重指定为到中心词距离的函数，并对较高范围的单词分配较小权重或减少取样量来解决（图 2-6）。

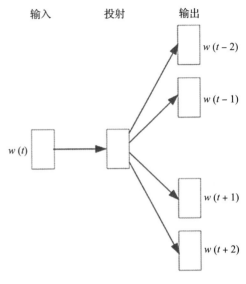

图 2-6　Skip-gram 模型结构

skip-gram 模型的训练不涉及密集矩阵的乘法，加上一些优化就可以使模型的训练过程变得高效。

## 2.2.2　模型成分：架构

在这个例子中，模型是由网络训练的，它的输入是一个单热编码向量，输出是由单热编码向量表示的输出词（图 2-7）。

## 2.2.3　模型成分：隐藏层

神经网络的训练是由隐藏层来完成的，神经元的数量等于我们想要用来表示词嵌入的维度或特征的数目。在图 2-8 中，我们用一个列数为 300 的权重矩阵来表示隐藏层，这个数字与神经元的数量相等，这也将是词嵌入的最终输出向量中的特征个数，它的行数为 100 000，与用于训练模型的词汇表大小相等。

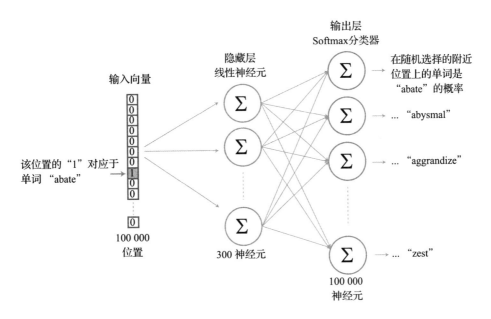

图 2-7 模型

神经元的数量被认为是模型的超参数,可以根据需要进行更改。Google 训练的模型使用了 300 维的特征向量,这个模型已经被公开。对于那些不想自己训练词嵌入的人来说,这是个很好的开始。可以使用以下链接下载经过训练的向量集:https://code.google.com/archive/p/word2vec/。

由于词汇表中的每个输入单词都是单热编码向量表示的,所以隐藏层阶段发生的计算将确保仅从权重矩阵中选择对应于各个单词的向量,并将其传递给输出层。如图 2-8 所示,在词汇表大小是 v 的情况下,对于任何单词,输入向量中的所需索引处将出现"1",在将其与权重矩阵相乘后,将得到的单词的对应行作为输出向量。因此,真正重要的不是输出而是权重矩阵。图 2-8 清楚地表示了如何用隐藏层的权重矩阵计算词向量查找表。

即使单热编码向量完全由零组成,将 1×100 000 维向量与 100 000×300 的权重矩阵相乘仍将选出存在"1"的相应行。图 2-9 给出了该计算的图形表示,该隐藏层的输出是相关单词的向量表示。

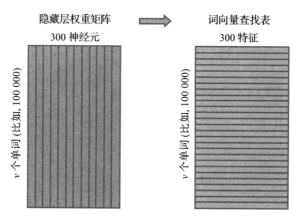

图 2-8　隐藏层的权重矩阵和向量查找表

$$[0\ 0\ 0\ ...\ 0\ 1\ 0\ 0]\ X \begin{bmatrix} 14 & 22 & 3 & ... & 13 & 22 & 27 & 22 \\ 14 & 11 & 6 & ... & 28 & 12 & 15 & 25 \\ 4 & 8 & 22 & ... & 11 & 24 & 24 & 12 \\ ... & ... & ... & ... & ... & ... & ... & ... \\ 18 & 26 & 1 & ... & 11 & 8 & 25 & 19 \\ 25 & 24 & 17 & ... & 9 & 8 & 14 & 3 \\ 26 & 0 & 18 & ... & 17 & 12 & 16 & 18 \\ 16 & 22 & 3 & ... & 4 & 18 & 17 & 8 \end{bmatrix} = [25\ 24\ 17\ ...\ 9\ 8\ 14\ 3]$$

图 2-9　计算过程

## 2.2.4　模型成分：输出层

计算词嵌入背后的主要目的是确保具有相似含义的单词在我们定义过的向量空间中较为接近。此问题由模型自动处理，因为在大多数情况下，具有相似含义的单词被类似的上下文（即围绕输入单词的单词）包围，这必然使得权重在训练过程中以相似的方式进行调整（图 2-10）。除了处理同义词和近义词外，该模型还可以处理词干，因为复数或单数词（例如，Car 和 Cars）具有类似的上下文。

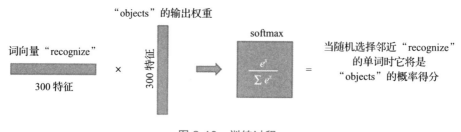

图 2-10　训练过程

## 2.2.5 CBOW 模型

CBOW（连续词袋）模型与 FNNLM 具有相似的架构，如图 2-11 所示。单词的顺序不会影响投射层，重要的是哪些单词目前落入用于进行输出单词预测的词袋。

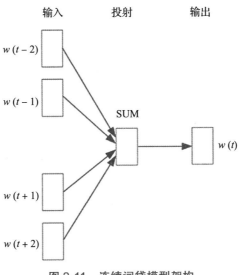

图 2-11　连续词袋模型架构

输入层和投射层以类似于 FNNLM 中共享的方式共享所有单词位置的权重矩阵。CBOW 模型利用了上下文的连续分布表示，因此称为连续词袋。

> **注释**　对较小的数据集使用 CBOW 模型将会使分布信息变得平滑，因为模型将整个上下文视为一个观察样本。

## 2.3　频繁词二次采样

在大多数处理文本数据的情况中，词汇表可以由大量词频不等的独特单词构成。为了选择需要用于建模目的的单词，我们通过检查单词出现在语料库中的词频和单词的总数来决定删除哪些单词。Mikolov 等在他们的论文"单词和短语的分布式表达及其组合性"中介绍了二次采样的方法。二次采样的引入使得训练速度获得了显著提升，并且单词表示的学习也更加规范。

生存函数用于计算单词的概率分数，它可以用于决定是否从词汇表中保留或移除该单词。该函数考虑了相关单词的词频和可以调整的二次采样率：

$$P(w_i) = \left(\sqrt{\frac{z(w_i)}{s}} + 1\right) \frac{s}{z(w_i)}$$

其中，$w_i$ 是相关单词，$z(w_i)$ 是训练数据集或语料库中单词的频率，而 $s$ 是二次采样率。

> **注释** Mikolov 等人在他们的论文中提出的函数与 word2vec 代码的实际实现有所不同，所实现的函数的公式已在上文中提及。论文中选择的二次采样公式是启发式的，它包括一个阈值 $t$，通常被设为 $10^{-5}$，以此作为语料库中的最小词频。论文中提到的二次采样公式是：
>
> $$P(w_i) = 1 - \left(\sqrt{\frac{t}{f(w_i)}}\right)$$
>
> 其中，$w_i$ 是相关单词，$f(w_i)$ 是训练数据集或语料库中单词的频率，而 $t$ 是所使用的阈值。

二次采样率是决定是否保留频繁词的关键因素。值越小意味着单词被保留在模型训练语料库中的可能性越低。大多数情况下，优先选择的阈值被放在生存函数的输出上，以消除不太频繁出现的单词。参数 $s$ 的首选值为 0.001。以上提到的二次采样方法有助于抵消语料库中罕见词和频繁词之间的不平衡。

图 2-12 显示词频与二次采样方法生成的最终概率分数之间的关系图。由于语料库中存在的单词都不能占据更高的概率，因此只考虑图中具有较低单词概率的部分，即沿着 x 轴。我们可以从图中得出一些观察结果，这些观察结果是关于单词的概率及其与得分之间的关系，因而是二次取样对单词的影响：

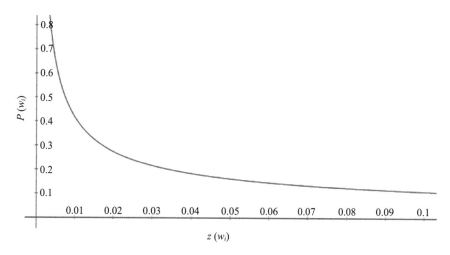

图 2-12　生存函数的分布。$P(x) = \{(sqrt(x/0.001) + 1) * (0.001/x)\}$，采样率为常数 0.001

- 当 $z(w_i) <= 0.0026$ 时，$P(w_i) = 1$。这意味着词频概率小于 0.26% 的单词不会在二次采样的范围内。
- 当 $z(w_i) = 0.00746$ 时，$P(w_i) = 0.5$。因此，当一个单词的词频概率是 0.746% 时，它有 50% 的机会被保留或删除。
- 当 $z(w_i) = 1$ 时，$P(w_i) = 0.033$，换言之，即使整个语料库仅由单个单词组成，它仍有 96.7% 的可能性被从语料库中删除，这实际上没有任何意义。

**负采样**

负采样是噪声对比估计（NCE）方法的简化形式，因为它在选择噪声样本（即负样本）计数及其分布时做出了某些假设。它被用作分层 softmax 函数的替代。尽管负采样可以在训练模型时使用，但在推断时，我们仍然需要计算完整的 softmax 值，以获得归一化的概率分数。

神经网络模型的隐藏层中的权重矩阵大小取决于词汇表的总体大小，而它具有更高的顺位，这使得权重参数的数量庞大，所有权重参数都在数百万和数十亿训练样本的多次迭代中进行更新。对于每个训练样本，负采样使得模型仅更新权重的一小部分。

提供给模型的单词的输入表示是通过单热编码的向量来实现的。负采样随机选择给定数量（例如 10）的"负"单词，其中权重由"正"单词（即中心单词）的权重进行更新。总共有 11 个单词（10 + 1）的权重会被更新。参考先前给出的图，每个迭代都会在权重矩阵中更新 11 × 300 = 3 300 个值。然而，不管是否使用负采样，只有"正"单词的权重会在隐藏层中更新。

"负"样本的选择概率取决于语料库中单词的词频。词频越高的单词被选为"负"单词的概率就越高。正如文章"单词和短语的分布式表达及其组合性"中所提到的，对于小型训练数据集，负样本的计数应在 5 到 20 之间，对于大型训练数据集，建议在 2 到 5 之间。

实际上，负样本是应该无法确定其输出的输入，并且它只应生成所有值都为 0 的向量。

> **注释** 二次采样和负采样的组合在很大程度上减少了训练过程的负荷。

通过利用模型组合来处理语法和语义语言任务，word2vec 模型帮助提高了词向量表示的质量。随着计算资源的进步、更快的算法和文本数据的可用性，与先前提出的神经网络模型相比，现在可以训练更高质量的词向量。在下一节中，我们将查看 skip-gram 和 CBOW 模型在 TensorFlow 中的实现。这些结构归功于在撰写本文时可用的在线课程和材料。

## 2.4　word2vec 代码

通过引入多个用于实现 word2vec 算法的预定义函数，TensorFlow 库使得我们的生活变得更轻松。本节包括 word2vec 算法、skip-gram 和 CBOW 模型的实现。

本节开头的代码的第一部分对于 skip-gram 和 CBOW 模型都是通用的，之后则是分别实现 skip-gram 和 CBOW 模型的代码。

本次练习使用的数据是于 2006 年 3 月 3 日制作的压缩格式的英语维基百科。可从以下链接获得：http://mattmahoney.net/dc/textdata.html。

如下所示，导入 word2vec 实现所需的包：

```
"""Importing the required packages"""
import random
import collections
import math
import os
import zipfile
import time
import re
import numpy as np
import tensorflow as tf

from matplotlib import pylab
%matplotlib inline

from six.moves import range
from six.moves.urllib.request import urlretrieve

"""Make sure the dataset link is copied correctly"""
dataset_link = 'http://mattmahoney.net/dc/'
zip_file = 'text8.zip'
```

函数 data_download() 将下载由 Matt Mahoney 收集和清理的维基百科文章数据集，并将其存储为当前工作目录下的单独文件。

```
def data_download(zip_file):
    """Downloading the required file"""
    if not os.path.exists(zip_file):
        zip_file, _ = urlretrieve(dataset_link + zip_file, zip_
        file)
        print('File downloaded successfully!')
    return None
data_download(zip_file)
```

> File downloaded successfully!

压缩的文本数据集在内部文件夹数据集中提取，稍后将用于训练模型。

```python
"""Extracting the dataset in separate folder"""
extracted_folder = 'dataset'
if not os.path.isdir(extracted_folder):
    with zipfile.ZipFile(zip_file) as zf:
        zf.extractall(extracted_folder)
with open('dataset/text8') as ft_ :
    full_text = ft_.read()
```

由于输入数据的文本中有多个标点符号和其他符号，相同的符号将被替换为带有标点符号名称和符号类型的相应字符。这有助于让模型单独识别每个标点符号和其他符号并生成向量。函数 text_processing() 执行此操作，它接受维基百科的文本数据作为输入。

```python
def text_processing(ft8_text):
    """Replacing punctuation marks with tokens"""
    ft8_text = ft8_text.lower()
    ft8_text = ft8_text.replace('.', ' <period> ')
    ft8_text = ft8_text.replace(',', ' <comma> ')
    ft8_text = ft8_text.replace('"', ' <quotation> ')
    ft8_text = ft8_text.replace(';', ' <semicolon> ')
    ft8_text = ft8_text.replace('!', ' <exclamation> ')
    ft8_text = ft8_text.replace('?', ' <question> ')
    ft8_text = ft8_text.replace('(', ' <paren_l> ')
    ft8_text = ft8_text.replace(')', ' <paren_r> ')
    ft8_text = ft8_text.replace('--', ' <hyphen> ')
    ft8_text = ft8_text.replace(':', ' <colon> ')
    ft8_text_tokens = ft8_text.split()
    return ft8_text_tokens

ft_tokens = text_processing(full_text)
```

为了提高所产生的向量表示的质量，建议去除与单词相关的噪音，即输入数据集中词频小于 7 的单词，因为这些单词没有足够的信息来提供它们的上下文。

可以通过检查单词数和数据集中的分布来调整此阈值。为了方便起见，我们在此处将其设为 7。

```python
"""Shortlisting words with frequency more than 7"""
word_cnt = collections.Counter(ft_tokens)
shortlisted_words = [w for w in ft_tokens if word_cnt[w] > 7 ]
```

列出数据集中词频最高的几个单词,如下所示:

```
print(shortlisted_words[:15])
> ['anarchism', 'originated', 'as', 'a', 'term', 'of', 'abuse',
'first', 'used', 'against', 'early', 'working', 'class',
'radicals', 'including']
```

检查数据集中所有单词的统计信息。

```
print("Total number of shortlisted words : ",len(shortlisted_
words))
print("Unique number of shortlisted words : ",len(set(shortlisted_
words)))
> Total number of shortlisted words :  16616688
> Unique number of shortlisted words :   53721
```

为了处理语料库中存在的独特单词,我们制作了一组单词和它们在训练数据集中的词频。下面的函数创建一个字典并将单词转换为整数,反之,将整数转换为单词。词频最高的单词被赋予最小值 0,其他单词也通过相似方式被赋予数值,从单词转换而来的整数被存储在一个单独的数组中。

```
def dict_creation(shortlisted_words):
    """The function creates a dictionary of the words present
    in dataset along with their frequency order"""
    counts = collections.Counter(shortlisted_words)
    vocabulary = sorted(counts, key=counts.get, reverse=True)
    rev_dictionary_ = {ii: word for ii, word in
    enumerate(vocabulary)}
    dictionary_ = {word: ii for ii, word in rev_dictionary_.
    items()}
    return dictionary_, rev_dictionary_
dictionary_, rev_dictionary_ = dict_creation(shortlisted_words)
words_cnt = [dictionary_[word] for word in shortlisted_words]
```

目前所创建的变量都很常见,可以用于实现这两个 word2vec 模型中的任意一个,下面介绍两种架构的实现。

## 2.5 skip-gram 代码

skip-gram 模型采用子采样的方法来处理文本中的停止词。通过在词频上设置阈值，可以消除所有那些词频较高且中心词周围没有任何重要上下文的单词，这带来了更快的训练速度和更好的词向量表示。

> **注释** 我们实现了有关 skip-gram 的论文中给出的概率分数函数。对于训练集中的每个单词 $w_i$，我们将根据以下公式给定的概率来决定是否将其移除：
>
> $$P(w_i) = 1 - \left(\sqrt{\frac{t}{f(w_i)}}\right)$$
>
> 其中，$t$ 是阈值参数，$f(w_i)$ 是单词 $w_i$ 在总数据集中的词频。

```
"""Creating the threshold and performing the subsampling"""
thresh = 0.00005
word_counts = collections.Counter(words_cnt)
total_count = len(words_cnt)
freqs = {word: count / total_count for word, count in word_
counts.items()}
p_drop = {word: 1 - np.sqrt(thresh/freqs[word]) for word in
word_counts}
train_words = [word for word in words_cnt if p_drop[word] <
random.random()]
```

当 skip-gram 模型接受中心词并预测其周围的单词时，skipG_target_set_generation() 函数以所需格式创建 skip-gram 模型的输入：

```
def skipG_target_set_generation(batch_, batch_index, word_
window):
    """The function combines the words of given word_window
    size next to the index, for the SkipGram model"""
    random_num = np.random.randint(1, word_window+1)
    words_start = batch_index - random_num if (batch_index -
    random_num) > 0 else 0
    words_stop = batch_index + random_num
    window_target = set(batch_[words_start:batch_index] +
    batch_[batch_index+1:words_stop+1])
    return list(window_target)
```

skipG_batch_creation() 函数调用 skipG_target_set_generation() 函数，并创建中心

词及其周围单词的组合格式,将其作为目标文本并返回批输出,如下所示:

```
def skipG_batch_creation(short_words, batch_length, word_
window):
    """The function internally makes use of the skipG_target_
    set_generation() function and combines each of the label
    words in the shortlisted_words with the words of word_
    window size around"""
    batch_cnt = len(short_words)//batch_length
    short_words = short_words[:batch_cnt*batch_length]

    for word_index in range(0, len(short_words), batch_length):
        input_words, label_words = [], []
        word_batch = short_words[word_index:word_index+batch_
        length]
for index_ in range(len(word_batch)):
    batch_input = word_batch[index_]
    batch_label = skipG_target_set_generation(word_
    batch, index_, word_window)
    # Appending the label and inputs to the initial
    list. Replicating input to the size of labels in
    the window
    label_words.extend(batch_label)
    input_words.extend([batch_input]*len(batch_label))
    yield input_words, label_words
```

下面的代码注册一个用于 skip-gram 实现的 TensorFlow 图,并声明变量的输入和标签占位符,它们将用于按照中心词和周围单词的组合为输入单词和大小不同的批量分配单热编码向量:

```
tf_graph = tf.Graph()
with tf_graph.as_default():
    input_ = tf.placeholder(tf.int32, [None], name='input_')
    label_ = tf.placeholder(tf.int32, [None, None],
    name='label_')
```

下面的代码声明嵌入矩阵的变量,该矩阵的维度等于词汇表的大小和词嵌入向量的维度:

```
with tf_graph.as_default():
    word_embed = tf.Variable(tf.random_uniform((len(rev_
```

```
     dictionary_), 300), -1, 1))
embedding = tf.nn.embedding_lookup(word_embed, input_)
```

tf.train.AdamOptimizer 使用 Diederik P. Kingma 和 Jimmy Ba 发明的 Adam 算法（http://arxiv.org/pdf/1412.6980v8.pdf）来控制学习率。有关详细信息，请参阅这篇 Bengio 的文章：http://arxiv.org/pdf/1206.5533.pdf。

```
"""The code includes the following :
# Initializing weights and bias to be used in the softmax layer
# Loss function calculation using the Negative Sampling
# Usage of Adam Optimizer
# Negative sampling on 100 words, to be included in the loss
  function
# 300 is the word embedding vector size
"""
vocabulary_size = len(rev_dictionary_)

with tf_graph.as_default():
    sf_weights = tf.Variable(tf.truncated_normal((vocabulary_
    size, 300), stddev=0.1) )
    sf_bias = tf.Variable(tf.zeros(vocabulary_size) )

    loss_fn = tf.nn.sampled_softmax_loss(weights=sf_weights,
                                        biases=sf_bias,
                                        labels=label_,
                                        inputs=embedding,
                                        num_sampled=100, num_
                                        classes=vocabulary_
                                        size)
    cost_fn = tf.reduce_mean(loss_fn)
    optim = tf.train.AdamOptimizer().minimize(cost_fn)
```

为了确保单词的向量表示保持了单词之间的语义相似性，我们在下面的代码部分生成一个验证集。它将在语料库中选择常见和不常见词的组合，并基于词向量之间的余弦相似性返回最接近它们的单词。

```
"""The below code performs the following operations :
# Performing validation here by making use of a random
  selection of 16 words from the dictionary of desired size
# Selecting 8 words randomly from range of 1000
# Using the cosine distance to calculate the similarity
```

```
    between the words
"""
with tf_graph.as_default():
    validation_cnt = 16
    validation_dict = 100

    validation_words = np.array(random.sample(range(validation_
    dict), validation_cnt//2))
    validation_words = np.append(validation_words, random.sample
    (range(1000,1000+validation_dict), validation_cnt//2))
    validation_data = tf.constant(validation_words, dtype=tf.
    int32)

    normalization_embed = word_embed / (tf.sqrt(tf.reduce_
    sum(tf.square(word_embed), 1, keep_dims=True)))
    validation_embed = tf.nn.embedding_lookup(normalization_
    embed, validation_data)
    word_similarity = tf.matmul(validation_embed,
    tf.transpose(normalization_embed))
```

在当前工作目录中创建文件夹 model_checkpoint 以存储模型检查点。

```
"""Creating the model checkpoint directory"""
!mkdir model_checkpoint

epochs = 2              # Increase it as per computation
                          resources. It has been kept low here
                          for users to replicate the process,
                          increase to 100 or more
batch_length = 1000
word_window = 10

with tf_graph.as_default():
    saver = tf.train.Saver()

with tf.Session(graph=tf_graph) as sess:
    iteration = 1
    loss = 0
    sess.run(tf.global_variables_initializer())

    for e in range(1, epochs+1):
        batches = skipG_batch_creation(train_words, batch_
        length, word_window)
        start = time.time()
        for x, y in batches:
```

```python
            train_loss, _ = sess.run([cost_fn, optim],
                            feed_dict={input_: x,
                            label_: np.array(y)[:,
                            None]})
            loss += train_loss
            if iteration % 100 == 0:
                end = time.time()
                print("Epoch {}/{}".format(e, epochs), ",
                Iteration: {}".format(iteration),
                    ", Avg. Training loss: {:.4f}".
                    format(loss/100),", Processing : {:.4f}
                    sec/batch".format((end-start)/100))
                loss = 0
                start = time.time()

            if iteration % 2000 == 0:
                similarity_ = word_similarity.eval()
                for i in range(validation_cnt):
                    validated_words = rev_dictionary_
                    [validation_words[i]]
                    top_k = 8 # number of nearest neighbors
                    nearest = (-similarity_[i, :]).argsort()
                    [1:top_k+1]
                    log = 'Nearest to %s:' % validated_words
                    for k in range(top_k):
                        close_word = rev_dictionary_
                        [nearest[k]]
                        log = '%s %s,' % (log, close_word)
                    print(log)

            iteration += 1
    save_path = saver.save(sess, "model_checkpoint/skipGram_
    text8.ckpt")
    embed_mat = sess.run(normalization_embed)
```

> Epoch 1/2 , Iteration: 100 , Avg. Training loss: 6.1494 , Processing : 0.3485 sec/batch
> Epoch 1/2 , Iteration: 200 , Avg. Training loss: 6.1851 , Processing : 0.3507 sec/batch
> Epoch 1/2 , Iteration: 300 , Avg. Training loss: 6.0753 , Processing : 0.3502 sec/batch
> Epoch 1/2 , Iteration: 400 , Avg. Training loss: 6.0025 , Processing : 0.3535 sec/batch

```
> Epoch 1/2 , Iteration: 500 , Avg. Training loss: 5.9307 ,
Processing : 0.3547 sec/batch
> Epoch 1/2 , Iteration: 600 , Avg. Training loss: 5.9997 ,
Processing : 0.3509 sec/batch
> Epoch 1/2 , Iteration: 700 , Avg. Training loss: 5.8420 ,
Processing : 0.3537 sec/batch
> Epoch 1/2 , Iteration: 800 , Avg. Training loss: 5.7162 ,
Processing : 0.3542 sec/batch
> Epoch 1/2 , Iteration: 900 , Avg. Training loss: 5.6495 ,
Processing : 0.3511 sec/batch
> Epoch 1/2 , Iteration: 1000 , Avg. Training loss: 5.5558 ,
Processing : 0.3560 sec/batch
> .................
> Nearest to during: stress, shipping, bishoprics, accept,
produce, color, buckley, victor,
> Nearest to six: article, incorporated, raced, interval,
layouts, confused, spitz, masculinity,
> Nearest to all: cm, unprotected, fit, tom, opold, render,
perth, temptation,
> Nearest to th: ponder, orchids, shor, polluted, firefighting,
hammering, bonn, suited,
> Nearest to many: trenches, parentheses, essential, error,
chalmers, philo, win, mba,
> .................
```

所有其他迭代也将打印出类似的输出结果，经过训练的网络将被还原，供以后使用。

```
"""The Saver class adds ops to save and restore variables to
and from checkpoints."""
with tf_graph.as_default():
    saver = tf.train.Saver()

with tf.Session(graph=tf_graph) as sess:
    """Restoring the trained network"""
    saver.restore(sess, tf.train.latest_checkpoint('model_
    checkpoint'))
    embed_mat = sess.run(word_embed)
> INFO:tensorflow:Restoring parameters from model_checkpoint/
skipGram_text8.ckpt
```

我们使用 t 分布随机邻嵌入（t-SNE）来实现可视化（https://lvdmaaten.github.io/tsne/）。250 个随机单词的 300 度高维向量表示已经在二维向量空间中使用。t-SNE 确保了向量的初始结构可以在新维度中被保留,甚至是在转换后。

```
word_graph = 250
tsne = TSNE()
word_embedding_tsne = tsne.fit_transform(embed_mat[:word_graph, :])
```

正如我们在图 2-13 中所观察到的那样,具有语义相似性的单词在其二维空间表示中彼此更接近,从而即使在维度进一步减小之后也保持着它们的相似性。诸如 year、years 和 age 之类的单词的位置较为接近,并且与 internationl 和 religious 等单词距离较远。训练模型时可以采用更多迭代,以实现更好的词嵌入表示,并且通过改变阈值来调整结果。

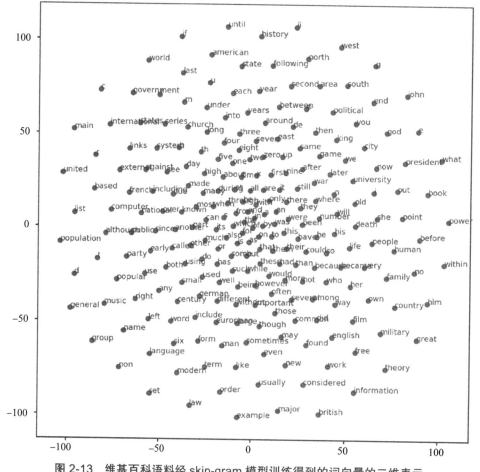

图 2-13 维基百科语料经 skip-gram 模型训练得到的词向量的二维表示

## 2.6　CBOW 代码

CBOW 模型通过周围的单词来预测中心词。因此，可以使用 cbow_batch_creation() 函数实现批和标签生成，而在将所需的 word_window 大小传递给该函数时，该函数会在 label_ 变量中指定目标单词，并在 batch 变量中指定上下文中的周围单词。

```
data_index = 0
def cbow_batch_creation(batch_length, word_window):
    """The function creates a batch with the list of the label
    words and list of their corresponding words in the context of
    the label word."""
    global data_index
    """Pulling out the centered label word, and its next word_
    window count of surrounding words
    word_window : window of words on either side of the center
    word
    relevant_words : length of the total words to be picked in
    a single batch, including the center word and the word_
    window words on both sides
    Format :  [ word_window ... target ... word_window ] """
    relevant_words = 2 * word_window + 1

    batch = np.ndarray(shape=(batch_length,relevant_words-1),
    dtype=np.int32)
    label_ = np.ndarray(shape=(batch_length, 1), dtype=np.
    int32)

    buffer = collections.deque(maxlen=relevant_words)
    # Queue to add/pop
    #Selecting the words of length 'relevant_words' from the
    starting index
    for _ in range(relevant_words):
        buffer.append(words_cnt[data_index])
        data_index = (data_index + 1) % len(words_cnt)

    for i in range(batch_length):
        target = word_window  # Center word as the label
        target_to_avoid = [ word_window ] # Excluding the
        label, and selecting only the surrounding words

        # add selected target to avoid_list for next time
        col_idx = 0
        for j in range(relevant_words):
```

```
        if j==relevant_words//2:
            continue
        batch[i,col_idx] = buffer[j] # Iterating till the
        middle element for window_size length
        col_idx += 1
    label_[i, 0] = buffer[target]
    buffer.append(words_cnt[data_index])
    data_index = (data_index + 1) % len(words_cnt)
assert batch.shape[0]==batch_length and batch.shape[1]==
relevant_words-1
return batch, label_
```

在确保 cbow_batch_creation() 函数按照 CBOW 模型的输入工作的情况下，取出第一批标签的测试样本和围绕它的窗口长度为 1 和 2 的单词并打印结果。

```
for num_skips, word_window in [(2, 1), (4, 2)]:
    data_index = 0
    batch, label_ = cbow_batch_creation(batch_length=8, word_
    window=word_window)
    print('\nwith num_skips = %d and word_window = %d:' % (num_
    skips, word_window))

    print('batch:', [[rev_dictionary_[bii] for bii in bi] for
    bi in batch])
    print('label_:', [rev_dictionary_[li] for li in label_.
    reshape(8)])
>>
> with num_skips = 2 and word_window = 1:
    batch: [['anarchism', 'as'], ['originated', 'a'], ['as',
    'term'], ['a', 'of'], ['term', 'abuse'], ['of', 'first'],
    ['abuse', 'used'], ['first', 'against']]
    label_: ['originated', 'as', 'a', 'term', 'of', 'abuse',
    'first', 'used']
> with num_skips = 4 and word_window = 2:
    batch: [['anarchism', 'originated', 'a', 'term'],
    ['originated', 'as', 'term', 'of'], ['as', 'a', 'of', 'abuse'],
    ['a', 'term', 'abuse', 'first'], ['term', 'of', 'first',
    'used'], ['of', 'abuse', 'used', 'against'], ['abuse', 'first',
    'against', 'early'], ['first', 'used', 'early', 'working']]
    label_: ['as', 'a', 'term', 'of', 'abuse', 'first', 'used',
    'against']
```

以下代码声明 CBOW 模型配置中使用的变量。词嵌入向量的大小被设为 128，并且目标单词之前和之后的一个单词将被用于预测，如下所示：

```
num_steps = 100001
"""Initializing :
    # 128 is the length of the batch considered for CBOW
    # 128 is the word embedding vector size
    # Considering 1 word on both sides of the center label words
    # Consider the center label word 2 times to create the
      batches
"""
batch_length = 128
embedding_size = 128
skip_window = 1
num_skips = 2
```

以下代码将注册用于 CBOW 实现的 Tensorflow 图，并计算向量之间的余弦相似度：

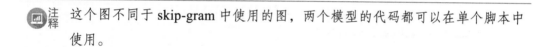 注释 这个图不同于 skip-gram 中使用的图，两个模型的代码都可以在单个脚本中使用。

```
"""The below code performs the following operations :
 # Performing validation here by making use of a random
   selection of 16 words from the dictionary of desired size
 # Selecting 8 words randomly from range of 1000
 # Using the cosine distance to calculate the similarity
   between the words
"""

tf_cbow_graph = tf.Graph()

with tf_cbow_graph.as_default():
    validation_cnt = 16
    validation_dict = 100
    
    validation_words = np.array(random.sample(range(validation_
    dict), validation_cnt//2))
    validation_words = np.append(validation_words,random.sample
    (range(1000,1000+validation_dict), validation_cnt//2))
```

```
train_dataset = tf.placeholder(tf.int32, shape=[batch_
length,2*skip_window])
train_labels = tf.placeholder(tf.int32, shape=[batch_
length, 1])
validation_data = tf.constant(validation_words, dtype=tf.
int32)
"""
Embeddings for all the words present in the vocabulary
"""
with tf_cbow_graph.as_default() :
    vocabulary_size = len(rev_dictionary_)
    word_embed = tf.Variable(tf.random_uniform([vocabulary_
    size, embedding_size], -1.0, 1.0))

    # Averaging embeddings accross the full context into a
    single embedding layer
    context_embeddings = []
    for i in range(2*skip_window):
        context_embeddings.append(tf.nn.embedding_lookup(word_
        embed, train_dataset[:,i]))

    embedding =  tf.reduce_mean(tf.stack(axis=0,values=context_
    embeddings),0,keep_dims=False)
```

以下代码使用 64 个单词的负采样来计算 softmax 损失, 并进一步优化在模型训练中产生的权重、偏差和词嵌入。AdaGrad 优化器（www.jmlr.org/papers/volume12/duchi11a/duchi11a.pdf）已被用于此目的。

```
"""The code includes the following :
 # Initializing weights and bias to be used in the softmax
   layer
 # Loss function calculation using the Negative Sampling
 # Usage of AdaGrad Optimizer
 # Negative sampling on 64 words, to be included in the loss
   function
"""
with tf_cbow_graph.as_default() :
    sf_weights = tf.Variable(tf.truncated_normal([vocabulary_
    size, embedding_size],
                     stddev=1.0 / math.sqrt(embedding_size)))
    sf_bias = tf.Variable(tf.zeros([vocabulary_size]))
```

```python
    loss_fn = tf.nn.sampled_softmax_loss(weights=sf_weights, 
    biases=sf_bias, inputs=embedding,
                        labels=train_labels, num_sampled=64,
                        num_classes=vocabulary_size)
    cost_fn = tf.reduce_mean(loss_fn)
    """Using AdaGrad as optimizer"""
    optim = tf.train.AdagradOptimizer(1.0).minimize(cost_fn)
```

通过计算余弦相似度来进一步确保语义相似的单词的接近程度。

```python
"""
Using the cosine distance to calculate the similarity between
the batches and embeddings of other words
"""
with tf_cbow_graph.as_default() :
    normalization_embed = word_embed / tf.sqrt(tf.reduce_
    sum(tf.square(word_embed), 1, keep_dims=True))
    validation_embed = tf.nn.embedding_lookup(normalization_
    embed, validation_data)
    word_similarity = tf.matmul(validation_embed,
    tf.transpose(normalization_embed))

with tf.Session(graph=tf_cbow_graph) as sess:
    sess.run(tf.global_variables_initializer())

    avg_loss = 0
    for step in range(num_steps):
        batch_words, batch_label_ = cbow_batch_creation(batch_
        length, skip_window)
        _, l = sess.run([optim, loss_fn], feed_dict={train_
        dataset : batch_words, train_labels : batch_label_ })
        avg_loss += l
        if step % 2000 == 0 :
            if step > 0 :
                avg_loss = avg_loss / 2000
            print('Average loss at step %d: %f' % (step,
            np.mean(avg_loss) ))
            avg_loss = 0

        if step % 10000 == 0:
            sim = word_similarity.eval()
            for i in range(validation_cnt):
                valid_word = rev_dictionary_[validation_
```

```
                words[i]]
                top_k = 8 # number of nearest neighbors
                nearest = (-sim[i, :]).argsort()[1:top_k+1]
                log = 'Nearest to %s:' % valid_word
                for k in range(top_k):
                    close_word = rev_dictionary_[nearest[k]]
                    log = '%s %s,' % (log, close_word)
                print(log)
        final_embeddings = normalization_embed.eval()
```

> Average loss at step 0: 7.807584
> Nearest to can: ambients, darpa, herculaneum, chocolate, alloted, bards, coyote, analogy,
> Nearest to or: state, stopping, falls, markus, bellarmine, bitrates, snub, headless,
> Nearest to will: cosmologies, valdemar, feeding, synergies, fence, helps, zadok, neoplatonist,
> Nearest to known: rationale, fibres, nino, logging, motherboards, richelieu, invaded, fulfill,
> Nearest to no: rook, logitech, landscaping, melee, eisenman, ecuadorian, warrior, napoli,
> Nearest to these: swinging, zwicker, crusader, acuff, ivb, karakoram, mtu, egg,
> Nearest to not: battled, grieg, denominators, kyi, paragliding, loxodonta, ceases, expose,
> Nearest to one: inconsistencies, dada, ih, gallup, ayya, float, subsumed, aires,
> Nearest to woman: philibert, lug, breakthroughs, ric, raman, uzziah, cops, chalk,
> Nearest to alternative: kendo, tux, girls, filmmakers, cortes, akio, length, grayson,
> Nearest to versions: helvetii, moody, denning, latvijas, subscripts, unamended, anodes, unaccustomed,
> Nearest to road: bataan, widget, commune, culpa, pear, petrov, accrued, kennel,
> Nearest to behind: coahuila, writeup, exarchate, trinidad, temptation, fatimid, jurisdictional, dismissed,
> Nearest to universe: geocentric, achieving, amhr, hierarchy, beings, diabetics, providers, persistent,
> Nearest to institute: cafe, explainable, approached, punishable, optimisation, audacity, equinoxes, excelling,
> Nearest to san: viscount, neum, sociobiology, axes,

```
barrington, tartarus, contraband, breslau,
> Average loss at step 2000: 3.899086
> Average loss at step 4000: 3.560563
> Average loss at step 6000: 3.362137
> Average loss at step 8000: 3.333601
> ..  ..  ..  ..
```

使用 t-SNE 进行可视化，在二维空间中显示 250 个随机单词的高维的 128 维向量表示。

```
num_points = 250
tsne = TSNE(perplexity=30, n_components=2, init='pca',
n_iter=5000)
embeddings_2d = tsne.fit_transform(final_embeddings[1:num_
points+1, :])
```

cbow_plot() 函数对降维后的向量进行可视化。

```
def cbow_plot(embeddings, labels):
    assert embeddings.shape[0] >= len(labels), 'More labels
    than embeddings'
    pylab.figure(figsize=(12,12))
    for i, label in enumerate(labels):
        x, y = embeddings[i,:]
        pylab.scatter(x, y)
        pylab.annotate(label, xy=(x, y), xytext=(5, 2),
        textcoords='offset points', ha='right', va='bottom')
    pylab.show()
words = [rev_dictionary_[i] for i in range(1, num_points+1)]
cbow_plot(embeddings_2d, words)
```

图 2-14 还展示了具有语义相似性的单词在其二维空间表示中也彼此更接近。例如，诸如 right、left、end 这样的单词彼此靠近，并且远离诸如 one、two、three 这样的单词。

在这里提到的所有单词中，我们可以在图的左下角观察到与单个字母相关的那些单词彼此更接近。这有助于理解模型的工作原理，并使用类似的单词嵌入来分配那些没有重要含义的单个字符。在此集群中缺少 a 和 i 这样的单词，这意味着这两个字母所代表的单词的词嵌入与其他个体字母并不相似,因为它们在英语中是有实际含义的,并且比其他字母更常用,而其他的那些字母只是训练数据集中拼写错误的标志。具有更高迭代的模型可以通过进一步训练来尝试使这些字母的向量更接近或远离语言中有实际意义的单词。

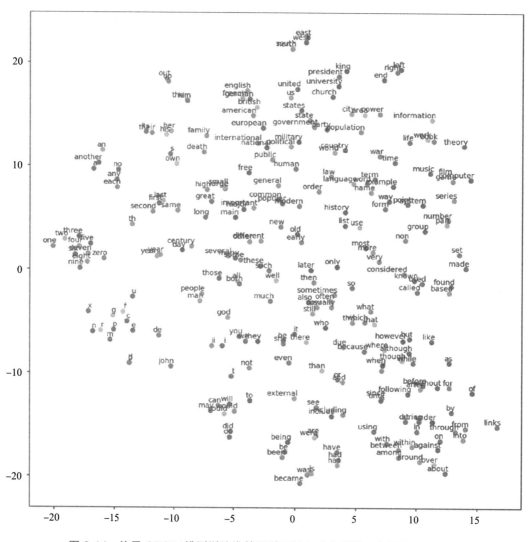

图 2-14　使用 CBOW 模型训练维基百科语料库后获得的词向量的二维表示

> 注释　CBOW 和 skip-gram 方法都使用本地统计信息来学习单词的向量嵌入。有时，通过探索单词配对的全局统计数据可以学习出更好的词向量表示，而 GloVe 和 Fasttext 方法可以用于这一目的。可以参考以下论文来获取相关算法的详细信息：
> 
> GloVe (https://nlp.stanford.edu/pubs/glove.pdf)
> 
> Fasttext (https://arxiv.org/pdf/1607.04606.pdf)

## 2.7 下一步

本章介绍了在研究领域和产业领域中使用的单词表示模型。除了 word2vec 之外，还可以探索将 GloVe 和 FastText 作为词嵌入选项。我们尝试了使用 CBOW 和 skip-gram 来给出词嵌入可行方法的例子。在下一章中，我们将重点介绍不同类型的神经网络，例如 RNN、LSTM、seq2seq，以及它们用于文本数据的用例。通过将所有这些章节中的知识组合起来，将会帮助读者在面对任何由深度学习和自然语言处理组合的项目时能够执行完整的流程。

# 第 3 章
# 展开循环神经网络

本章讨论跨文本的上下文信息在自然语言处理中的用法。无论什么形式的文本工作，比如语音、文字、印刷品，也无论是哪一种语言，只要想理解文本所表达的信息，就可以尝试捕获并联系现在和过去的上下文，并从中获取有意义的信息。这是因为文本的结构在句子的内部及之间建立了某种关联，就像思想一样，自始至终贯穿于字里行间。

传统的神经网络不能从以前的事件中捕获知识，也不能将其传递给未来的事件并做相关的预测。本章将引入一个神经网络家族，它们可以帮助我们在一段较长的时间内维持信息的存在。

对于深度学习，所有问题一般分为两种类型：

- 固定拓扑结构：针对具有静态数据的图像，比如图像分类用例。
- 时序数据：针对具有动态数据的文本或音频，比如文本的篇章生成和语音识别。

与静态数据有关的大部分问题可以使用卷积神经网络（CNN）来解决。与时序数据有关的大部分问题可以通过循环神经网络（RNN）来处理，特别是通过长短期记忆（LSTM）网络处理。本章将详细介绍这两种类型的网络（RNN 和 LSTM），并涉及 RNN 的用例。

在一般的前馈网络中，在时间 $t$ 分类的输出结果不一定与先前的输出结果有关系。换句话说，先前的分类输出结果对后续分类问题不起任何作用。

但这是不实际的，在某些情况下，我们必须通过先前输出结果来预测新输出结果。例如，在阅读一本书时，我们必须知道并记住章节中提到的上下文，以及整本书所讨论的主题。另一个主要的用例是对长文本的情感分析。对于所有这些问题，RNN 已经被证明是一个非常有用的方法。

RNN 和 LSTM 在很多领域取得了广泛的应用，包括：

- 聊天机器人
- 序列模式识别
- 图像/手写检测
- 音视频分类
- 情感分析
- 金融中的时间序列建模

## 3.1 循环神经网络

循环神经网络（RNN）非常有效，能够完成几乎任何类型的计算。RNN 有各种各样的用例，并且可以实现一组多个较小的程序，其中的每个小程序都能独立工作并且并行学习，最终通过所有这些小程序的合作揭示错综复杂的效果。

RNN 之所以能够执行这样的操作有以下两个主要原因：

- 本质上是分布式的隐藏状态存储了大量过去的信息，并能有效地传递该信息。
- 隐藏状态的更新是通过非线性方法完成的。

### 3.1.1 什么是循环

循环（Recurrence）是一个递归过程，在这个过程中，每个步骤都调用一个递归来对时态数据集进行建模。

什么是时态数据？是指依赖于以前的数据（特别是时序数据）单元的任何数据单元。比如，一个上市公司的股票价格依赖于前些天/周/月/年的股票价格，对前面时间或步骤的依赖关系很重要，所以建立这种类型的模型非常有用。

下面我们会给出具有时态模式的各种数据，并尝试使用本章后面介绍的各种模型进行数据处理，要提醒大家的是，数据量超大！

### 3.1.2 前馈神经网络和循环神经网络之间的差异

在普通的前馈神经网络中，数据被离散地输入到网络中，而不用考虑时间关系。这种类型的网络对于离散的预测任务是有用的，因为其特征不在时间上相互依赖。这就是最简单形式的神经网络，其中的信号单方向流动，即从输入流向输出。

举个例子，如果想通过近三个月的股票价格数据来预测下个月的股票价格，那么就需要将三个月的股票价格数据同时输入到前馈网络中，就好像这些数据之间没有相互依赖关系，但事实可能并非如此。

然而，循环神经网络每次输入一个月的数据，正如以下时间序列模型所示：

$$x(t) = x(t-1) + \text{constant}$$

此概念的类似功能驱动 RNN 首先对过去间隔（例如 $t-1$）的信息执行一些计算，并将其与对当前间隔（例如 $t$）数据所做的计算相结合，然后将两者结合起来生成下一个间隔的结果。

快速了解前馈神经网络与 RNN 的区别后可以发现，前馈神经网络只根据当前输入进行决策，而 RNN 根据当前输入和先前输入进行决策，并确保跨隐藏层也建立连接。

前馈神经网络的主要局限性如下：

- 不适用于序列、时序数据、视频流、股票数据等。
- 不能在建模中引入记忆因素。

图 3-1 说明一种 RNN 和前馈神经网络之间的区别。

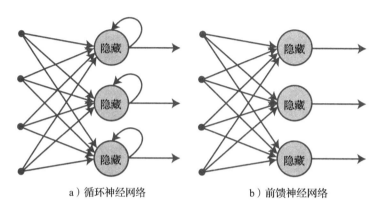

图 3-1　RNN 与前馈神经网络的结构差异

### 3.1.3　RNN 基础

在讨论 RNN 的基础和介绍它的 NLP 应用之前,我们将快速讨论 RNN 的一个全面用例。假如有这样一个示例:RNN 将学习运算符加的工作方式并尝试复制它。

RNN 属于具有非常强大的序列建模功能的算法系列,在这里我们将看到,如果给定一个二进制输入序列,该模型如何能够将数字相加,并提供几乎完全精确的求和结果作为输出。

给定一个长度为 20 的二进制字符串(只包括 0 和 1),我们必须确定二进制字符串中"1"的个数。比如,"01010010011011100110"中含有 10 个"1"。所以,我们设计的程序的输入就是一个长度为 20 并且只包括 0 和 1 的字符串,而输出必须是一个介于 0 和 20 之间的数字,表示字符串中"1"的个数。

从一般编程的角度来看,这个任务似乎很简单,读者可能会认为,这类似于典型的"Hello World"问题。然而，如果从机器的角度来考虑，它就是一个能做数字加法的模型，即能输入有顺序的二进制数并求和。这就是我们要做的！

让我们行动起来，定义 RNN 的一些关键术语。在此之前，在使用任何深度学习模型时要记住一件事，就是张量作为输入值进入模型中的形式。张量作为输入值进入模型时，可以是任意维度的，三维或四维。我们可以把张量看作列表的列表的列表。这在一开始理解时有点难，但我们马上会看到如何将这个概念分解为更小、更有意义的表示形式。

> **注释** [ [ [ ] ] ] 就是一个以层次结构表示的有三个列表的 3D 张量。

RNN 要求输入值是 3D 张量，并且该张量可以完美地分为如图 3-2 所示的几个组成部分。

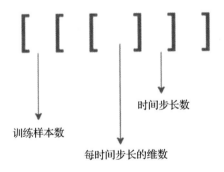

图 3-2　RNN 输入值 3D 张量的组成说明

> **注释** 现在没有必要记住这些内容，随着我们继续学习 RNN 的结构，你就会理解为什么以这种方式考虑张量组成。

当前问题中，我们采用 20 个时间步长，即长度为 20 的输入序列，并且每个时间步长都以一维表示，即值为 0 或者 1。根据实际情况，输入的时间步长可以是不同的维度。要使用的模型的体系结构如图 3-3 所示。

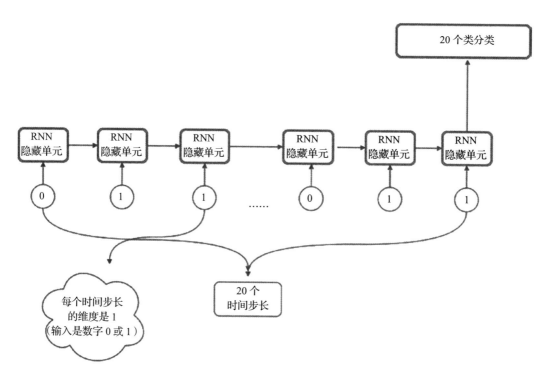

图 3-3 用于计算长度为 20 的二进制数字序列中 "1" 的个数的 RNN 模型体系结构

从这个模型结构图可以看出，每个二进制单元都作为一个时间步长的输入，即长度为 20 的二进制数对应 20 个时间步长，然后，分别交给隐藏层并依次传递，隐藏层在这个模型中就是循环层。然后，将最终层的输出输入到一个普通的分类多层感知器中。

于是，TensorFlow 的 RNN 的输入就是以下形式：

```
List =  [ [ [0] [1] [1] [1] [0] [0] [1] [1] [0] [1] [1] [1]
            [0] [0] [1] [1] [0] [1] [1] [1] ],
          [ [0] [1] [1] [1] [0] [0] [1] [1] [0] [1] [1] [0]
            [0] [1] [1] [0] [1] [1] [1] ] ,
          ...., [ [0] [1] [1] [1] [0] [0] [1] [1] [0] [1] [1]
            [1] [0] [0] [1] [1] [0] [1] [1] [1] ]   ]
```

我们建议不要关注实际的训练部分，因为一旦理解了数据流过程，就会很容易理解训练部分，并且可以训练多个相关模型。这次，不要转移注意力，要关注上图中的隐藏 RNN 层，尽量去理解模型的输入。

下面，我们将考虑一个稍微复杂一些的例子，并尝试使用循环神经网络进行情感分类（NLP 领域最基本的任务之一）。

### 3.1.4 自然语言处理和 RNN

从前面的理论和介绍中可以很容易地看出，RNN 是专门为完成顺序任务而存在的，用于解决语言问题最适合不过了。从孩提时代起，我们人类的大脑就被专门训练，以适应合适的语言结构。假设英语是主要人群中最常用的语言，我们在说话和写作时知道这种语言的正常结构，因为我们自孩提时代就开始学习它，而且可以毫不费力地解读它。

我们通常使用语法来正确使用语言，而语法则是语言构成的基本规则。一般来说，由于不同语言的语法存在巨大的多样性，NLP 任务是极其困难的。

对每种语言的约束进行硬编码有其自身的缺点。没有人想涉足世界上不同语言的成百上千条杂乱无章的语法规则，也没有人想要按照定制的业务需求进一步学习或编码它。

能使我们免于所有这些麻烦的是深度学习。深度学习的目标就是学习所有语言的复杂的局部结构形式，并以此解决一组问题中存在的复杂性。

最后，让我们的初级深度学习模型（属于 RNN 范畴）进行自主学习。我们向模型中逐单词地输入英文句子，让模型在一些有监督的标签上进行训练，比如，对情绪分类的肯定或否定标记，对文字的 1、2、3、4、5 星级评定，等等。

让我们通过一个基于 N 元语法的语言模型例子来理解这一点。这里，先有四个单词（4 元语法），模型有能力利用过去的信息，基于四个词的组合类型出现规律，来预测最可能的第五个词。这种类型的模型在诸如 Google 搜索自动完成建议这样的问题上有直接的用例。

> **注释** 用于 Google 搜索的实际模型并不是任何 N 元语法的直接实现，而是更多复杂模型的组合。

让我们通过一个基本的例子来理解这个概念。假设有一个简单的英文句子"Sachin is a great cricketer"。然后，我们可以用图 3-4 所示的方式，按照深度学习模型对输入的要求来表示这个句子。

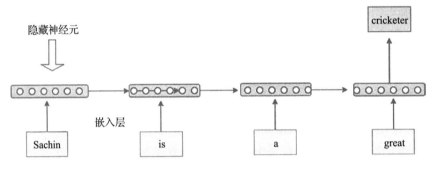

图 3-4 将句子"Sachin is a great"输入模型中

在这里，最后那个单词"cricketer"可以从前四个单词"Sachin is a great"推断出来。我们能从"Sachin is a great"推断出什么？"cricketer"是其中一个可能的答案，因为关于这样一个问题和上下文的思考就是这样建模的。

同样地，在一些情况下，我们需要模型能够考虑过去的历史事件，并对未来的事件进行预测。这些事件也可能与能够从文本中提取的信息相关。

前馈网络一次输入整个句子，而 RNN 逐个地输入每个单词，然后对给定的文本进行分类。从上面的图中可以很清晰地看出这一点。RNN 接受单词嵌入形式的输入，这在第 2 章中已经讨论过，它有两种不同的模型，即 CBOW 和 skip-gram。

word2vec 模型的目的是初始化每个单词的随机向量，并进一步学习它们以获得有意义的向量，从而执行特定的任务。词向量可以由任何给定的维度形成，并且能够相应地封装信息。

### 3.1.5 RNN 的机制

在从音频和文本到图像的各个领域,包括音乐生成、字符生成、机器翻译等,RNN 都有创新性的应用。让我们尝试以对初学者更友好的方式理解 RNN 的功能过程,这样任何没有深度学习背景知识的人也可以理解它(图 3-5)。

我们将使用 Numpy 库执行向量乘法,并描述内部算法。这个步进函数在每个时间步长内都会被调用,这就是循环。

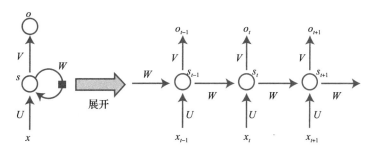

图 3-5 展开的循环神经网络

首先,定义 RNN 类:

```
class RNN:
  # ...
  def step(self, x):

    # Update the Hidden state
    self.h = np.tanh(np.dot(self.W_hh, self.h) + np.dot(self.U_xh, x))

    # Compute the Output vector
    o = np.dot(self.V_hy, self.h)
    return o
```

上面这段伪代码给出了一个基本 RNN 的算法流程。RNN 类在每个时间步长调用函数 step。这个 RNN 的输入参数是三个矩阵(W_hh、U_xh、V_hy)。

下面是上述伪代码中每个权重矩阵的维度及其在图 3-5 中的等价实体:

- $X_t$ 是在时间步长 $t$ 的输入。

- $S_t$ 是在时间步长 $t$ 的隐藏状态。它相当于这个网络的"存储器",是根据前一个时间步长的隐藏状态进行计算得到的,又作为当前时间步长的输入。
- $U_{xh}$ 是从输入 ($x$) 到隐藏层 ($h$) 的映射,即 h × dimension ($x$),这里 $x$ 的维度就是每个时间步长的输入值的维度(在二进制求和例子中就是 1)。在上图中是矩阵 $U$。
- $W_{hh}$ 是隐藏状态之间的映射,即 $h × h$。在上图中是矩阵 $W$。
- $V_{hy}$ 是从最终隐藏层到输出 $y$ 的映射,即 $h$ × dimension ($y$),这里 $y$ 的维度就是输出值的维度(在前面讨论的二进制求和例子中就是 20)。在上图中就是矩阵 $V$。
- $o_t$ 是在时间步长 $t$ 的输出值。比如,如果要预测句子中的下一个单词,它就是整个词汇表中概率的向量。

隐藏状态 self.h 的初始化值是 0 向量,np.tanh 是将激活范围压缩为(−1,1)的非线性函数。

我们来简单地看看它的工作原理。tanh 函数有两个参数项:第一项是基于前面的隐藏状态的,第二项是基于当前输入的。在 NumPy 库中,np.dot 执行矩阵乘法。

这两个中间项相加之后,通过 tanh 函数计算,结果存入新的状态向量中。为了将隐藏状态更新结果用数学形式表示,将 tanh 函数重写如下:

$$h_t = f_1(W_{hh} * h_{t-1} + U_{xh} * x_t)$$

其中 $f_1$ 一般是指函数 tanh 或 sigmoid,根据实际情况确定。

我们用随机数初始化这个 RNN 矩阵,训练阶段的大部分时间都是在计算可产生想要的行为的理想矩阵。这是用某个损失函数来衡量的,该函数体现了作为对输入序列 $x$ 的响应结果我们希望得到什么样的输出结果 $o$。

我们可以用多种方法训练 RNN 模型。然而,对于任何特定的方法,RNN 都有一个非常特殊的问题,主要原因是,随着权重随时间推移而传播,它们在前面的函数中循环地做乘法运算,从而产生了以下两种场景。

- 梯度消失：如果权重小，则后续的值将逐渐变小，并且趋向于 0。
- 梯度爆炸：如果权重大，最终值将趋于无穷大。

由于会出现这两个问题，RNN 对时间步长数目或序列限制非常敏感。我们可以通过分析 RNN 的输出来详细理解这一点。RNN 网络的输出可以表示如下：

$$h_t = f_2(Ux_t + Vh_{t-1})$$

其中 $U$ 和 $V$ 分别是连接输入和循环输出的权重矩阵，$f_2$ 为分类任务的 *softmax*，L2 norm（平方误差）为回归任务。这里的 softmax 是基于输出 $h_t$ 的。

但请注意，如果需要在循环神经网络中用 3 个时间步长（上一小节里讲过），就需要使用下面这个公式：

$$h_t = \sigma(Ux_t + V(\sigma(Ux_{t+1} + V(\sigma(Ux_{t-2})))))$$

从上面的公式可以推断，随着网络中由于更复杂的层的增加而导致的深度增加，并且随着时间的推移这种情况不断传播，RNN 将出现梯度消失或爆炸问题。

当输入值接近 0 或 1 时，sigmoid 函数的梯度问题就会发生。此时，梯度非常小，并且趋向于消失，如图 3-6 所示。

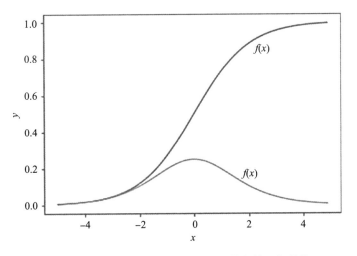

图 3-6　上面是 Logistic 曲线，下面是它的一级分化

图 3-7 说明 RNN 中的梯度消失问题。

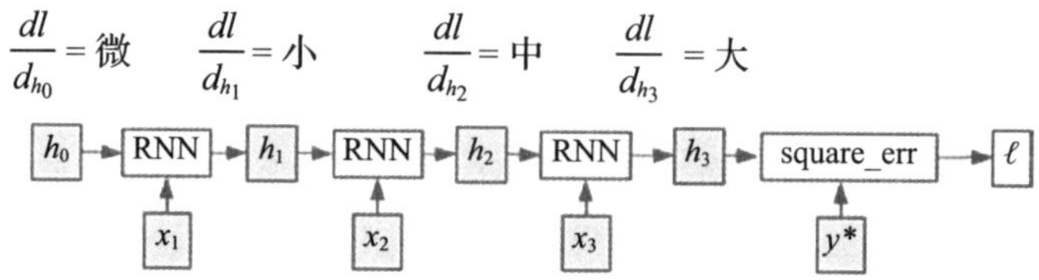

$$\frac{dl}{dh_0}=微 \quad \frac{dl}{dh_1}=小 \quad \frac{dl}{dh_2}=中 \quad \frac{dl}{dh_3}=大$$

$h_0 \to \text{RNN} \to h_1 \to \text{RNN} \to h_2 \to \text{RNN} \to h_3 \to \text{square\_err} \to \ell$

$x_1 \quad x_2 \quad x_3 \quad y^*$

图 3-7　梯度消失示例

如上图（其中 $h_0$、$h_1$、$h_2$ 和 $h_3$ 是隐藏状态）所示，在每个时间步长，当运行反向传播算法时，梯度变得越来越小。当回到句子的开头时，梯度太小，以至于它实际上没有能力对必须更新的参数产生显著的影响。出现这种情况的原因是，除非 $dh_{t-1}/dh_t$ 恰好为 1，或者 $dh_{t-1}/dh_t = 1$，否则它将倾向于减小或放大梯度 $d_l/dh_t$，当这一梯度逐渐减小或重复放大时，它将对损失的梯度产生指数效应。

为了解决这一问题，就要使用一种特殊类型的隐藏层，称为长短期记忆网络和门控整流单元（GRU）。后者是特殊的门控细胞，旨在从本质上处理这样的场景。我们将在本章后面的小节中简要介绍它们。

### 3.1.6　训练 RNN

RNN 最了不起的原因之一是它在训练方面非常灵活，能够在解决很多问题时表现出色，无论是在监督领域还是在非监督领域。在讨论正题之前，先来了解有关隐藏状态的深层秘密（LSTM/GRU/sigmoidal 神经元）。

好奇的人可能想知道什么是隐藏状态。它像一个普通的前馈网络吗？或者实质上更加复杂？

对上述问题的回答是，对于任何静态或无状态维度来说，任何隐藏状态的数学表示都与普通前馈网络相同，并且表现出输入所具有的隐藏特征。

然而，正如我们对于 RNN 的特殊循环属性所知道的，在 RNN 的任何时间间隔步长的隐藏状态中,它都以精简的方式给出了先前所有时间步长的上下文表示。它还在稠密向量中包含语义序列信息。

例如,在时间 $t$ 的隐藏状态 $H(t)$ 包含时间间隔 $x(t-1)$, $x(t-2)$, $\cdots$, $x(0)$ 的一些噪声和一些真实信息。

基于 RNN 训练的考虑,对于任何有监督的学习问题,都必须找到一个损失函数,通过反向传播或梯度下降来帮助对随机初始化的权重进行更新。

> **注释** 不熟悉反向传播实现的读者不必太担心,因为像 TensorFlow 和 PyTorch 这样的新库具有超快的自动区分处理能力,可使完成这些任务变得相当容易。只需要定义好网络体系结构和目标即可。但我们建议读者彻底了解反向传播技术,多用神经网络进行实验,因为这是任何神经网络训练的核心技术。

现在,让我们来创建二进制序列求和的初始示例。对网络如何运行和训练的分步解释如下:

1. 将隐藏状态值初始化为随机数向量(隐藏层的大小是我们设置好的自由参数)。
2. 在每个时间步长,输入一个二进制数 0 或 1。接着,根据下面的公式在每一步计算和更新隐藏向量:

$$H(t) = \tanh(U \cdot X(t) + V \cdot H(t-1))$$

其中,"·"表示两个矩阵之间的点积,$H$、$X$、$U$、$V$ 与前面的意思一致。

3. 最后一个隐藏层(特别是在本例中)是输出,并且输入到另一个多层感知器(前馈网络)。

因此,基本上,最后一层是整个序列的表示,而且这一层(在时间 $t$ 的隐藏表示)是最重要的层。另外,其他在较早的时间间隔 $\{t-1, t-2, \cdots, 0\}$ 的隐藏状态也可用于别的目的。

> **注释** 与传统的反向传播不同,RNN 有一种特定的算法,称为随时间反向传播(BPTT)。在 BPTT 中,时间 $t$ 的层梯度更新依赖于时间 $t-1$, $t-2$, …, 0。因此,在其所有的形式中,反向传播都是通过按顺序的时间步长完成的。然而,如果理解了 BPTT,就会发现,显然它就是普通反向传播的一个特例。

除了获取最后一个隐藏层的输出进行训练之外,如果一个人有好奇心或直觉思维很发达的话,他可能想知道为什么我们没有获取所有的隐藏状态并把它们平均化。的确,这是另一种方式。如果读者已经得出了这个结论,那么很高兴地告诉你,你已很好地掌握了 RNN。图 3-8 给出了使用模型输出的多种方法。

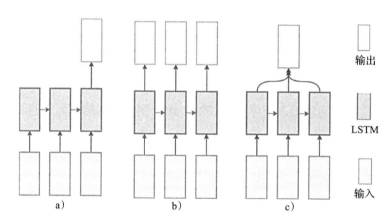

图 3-8 RNN 可以根据需要以多种方式进行训练。我们可以只获取最后一个时间步长的输出,或者所有时间步长的输出,或者所有时间步长的输出的平均值

## 3.1.7 RNN 中隐藏状态的元意义

RNN 中的隐藏状态具有极其重要的意义。除了是矩阵乘法的数学输出以外,RNN 隐藏状态还包含数据的一些关键信息,特别是序列信息。RNN 的最后的隐藏状态能够执行各种各样的高度有创造性的任务。例如,有一个非常直观的模型,称为序列到序列(seq-to-seq 或 seq2seq)模型,可用于机器翻译、图像标注等。我们将在随后简要概述它是如何工作的,但是与其相关的编码和其他细节超出了本书讨论的范围。

假设有一个英语句子，我们希望使用 seq2seq 模型自动转换或翻译成法语。直观地，我们给 RNN 模型输入一个单词序列，即一个英语句子，并且只考虑最后的隐藏输出。这个隐藏输出似乎存储了句子中最相关的信息。接下来，我们再使用这个隐藏状态来初始化另一个将执行转换的 RNN。就这么简单！

### 3.1.8 调整 RNN

RNN 对输入变量的要求非常苛刻，并在本质上反应良好。RNN 在训练过程中起主要作用的几个重要参数包括：

- 隐藏层的数量；
- 每层的隐藏单元数（通常每层取同一个数）；
- 优化器的学习率；
- 丢弃率（最初在 RNN 中成功的丢弃仅适用于前馈连接，而不适用于循环连接）；
- 迭代次数。

一般来说，可以用验证曲线和学习曲线来绘制输出结果图，并检查是否有过拟合和欠拟合。应当在对每一次分裂的误差进行训练和测试后进行绘图，并根据检查结果处理，如果过拟合，就减少隐藏层的数目，或者减少隐藏神经元的个数，或者添加丢弃，或者提高丢弃率，反之亦然。

然而，除了这些考虑之外，还有一个主要的问题就是权重，在 TensorFlow 库中有权重/梯度裁剪和多个初始化函数可以处理权重问题。

### 3.1.9 LSTM 网络

LSTM 网络是由 Sepp Hochreiter 和 Jürgen Schmidhuber 于 1997 年首次引入的，它解决了 RNN 在较长时间后的信息保留问题（www.bioinf.jku.at/publications/older/2604.pdf）。

RNN 已被证实是处理与序列分类有关问题的唯一选择。事实证明，它们适用于保留以前的输入数据中的信息，并使用该信息来修改在任何时间步长的输出。然而，如果序列长度足够长，则在 RNN 模型（特别是反向传播）的训练过程中计算出的梯度，要么由于 0 到 1 之间的值的累积乘法效应而消失，要么由于大值的累积乘法而爆炸，从而导致模型只能以相对缓慢的方式进行训练。

LSTM 网络就是解决这个问题的好方法。RNN 体系结构有助于对长序列的模型进行训练，并有助于保留对输入到模型的先前时间步长的记忆。理想情况下，它通过引入额外的门，即输入门和遗忘门，来解决梯度消失或梯度爆炸的问题，这些门允许更好地控制梯度，方法是指定保留什么信息和忘记什么信息，从而控制对当前记忆状态的信息访问，因而能够更好地保留"远程依赖关系"。

虽然我们可以尝试其他激活函数（如 ReLU）以减少此问题，但仍不能完全解决问题。RNN 的这一缺陷导致了能有效解决这个问题的 LSTM 网络的兴起。

#### 3.1.9.1　LSTM 的构成

LSTM 网络也有链状结构，但循环模块有不同的结构。LSTM 有不止一个神经网络层，而是有四层，它们以一种非常特殊的方式相互作用。LSTM 单元的结构如图 3-9 所示。

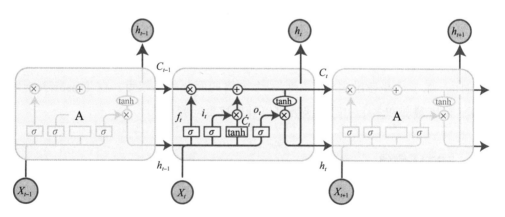

图 3-9　具有四个交互层的 LSTM 模块

LSTM 是由多个门组成的，它们是调节信息通过的很好选择。它们有一个 sigmoid 神经网络层，用 [0, 1] 内的输出值来衡量该层的通过界限，还有一个逐点乘法运算器。

在图 3-9 中，$C_t$ 是单元状态，它存在于所有的时间步长中，并且被每个时间步长的交互所改变。为了通过单元状态保留流经 LSTM 的信息，LSTM 有以下三种类型的门。

- 输入门：控制有多少来自新输入的信息进入记忆。

$$i_t = \sigma(W_i \cdot [h_{t-1}, x_t] + b_i)$$

$$\acute{C}_t = \tanh(W_C \cdot [h_{t-1}, x_t] + b_c)$$

其中，$x_t$ 表示在时间步长 $t$ 的输入，$h_{t-1}$ 表示在步长 $t-1$ 的隐藏状态，$i_t$ 表示输入门层在时间步长 $t$ 的输出，$\acute{C}_t$ 是指在时间步长 $t$ 时要添加到输入门的输出中的候选值，$b_i$ 和 $b_c$ 分别表示输入门层和候选值的计算偏差，$W_i$ 和 $W_c$ 分别表示输入门层和候选值的计算权重，如图 3-10 所示。

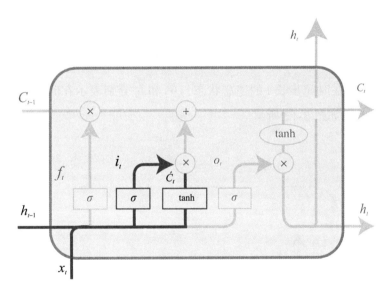

图 3-10　输入门

$$C_t = f_t * C_{t-1} + i_t * \acute{C}_t$$

这里，$C_t$ 表示时间步长 $i$ 之后的单元状态，$f_t$ 是时间步长 $t$ 的遗忘状态，如图 3-11 所示。

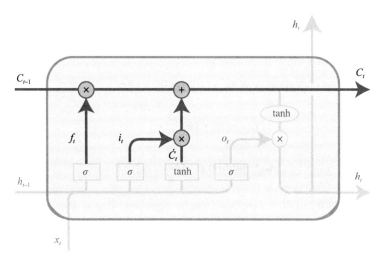

图 3-11 输入门

- 遗忘门：控制将值保留在记忆中的上限。

$$f_t = \sigma(W_f \cdot [h_{t-1}, x_t] + b_f)$$

这里，$f_t$ 表示在时间步长 $t$ 的遗忘状态，$W_f$ 和 $b_f$ 分别表示在时间步长 $t$ 的遗忘状态的权重和偏差，如图 3-12 所示。

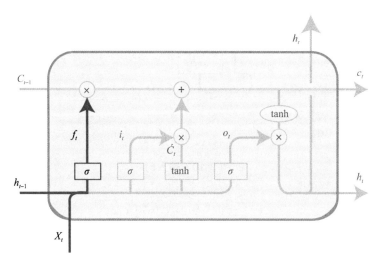

图 3-12 遗忘门

- 输出门：控制记忆在输出的活动块中发挥作用的上限。

$$o_t = \sigma(W_o \cdot [h_{t-1}, x_t] + b_o)$$

$$h_t = o_t * \tanh(C_t)$$

这里，$o_t$ 表示在时间步长 $t$ 输出门的输出，$W_o$ 和 $b_o$ 分别表示在时间步长 $t$ 的输出门的权重和偏差，如图 3-13 所示。

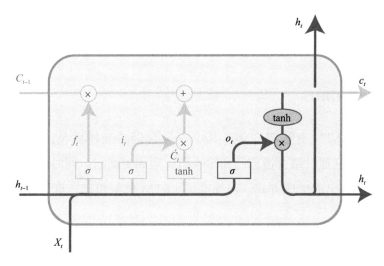

图 3-13 输出门

如今，LSTM 网络已成为比基本 RNN 更受青睐的选择，因为事实证明它在各种不同的问题上发挥了巨大的作用。最显著的结果是，在解决许多问题时，LSTM 网络比 RNN 取得了更好的效果，现在这种现象已经扩展到任何一个应用 RNN 的地方，而且这些地方通常只使用 LSTM 网络。

#### 3.1.9.2 LSTM 如何帮助减少梯度消失问题

正如前面提到的，基本 RNN 在反向传播过程中会出现梯度消失问题，也就是说，当计算梯度更新权重时，因为它涉及偏导数的级联，而且每一个偏导数都包含一个 σ 项，即 sigmoid 神经网络层，所以会出现梯度消失问题。由于每个 sigmoid 导数的值可能小于 1，从而使整体梯度值小到无法进一步更新权重，这意味着模型将停止学习！

现在，在 LSTM 网络中，遗忘门的输出是：

$$C_t = f_t * C_{t-1} + i_t * \acute{C}_t$$

因此，计算 $C$ 关于它的时间滞后值 $C_{t-1}$ 的偏导数得到 $f_t$，再乘以该偏导数的次数。这样，如果设置输出 $f = 1$，梯度就不会衰减，这就意味着过去的全部输入都将记忆在单元中。在训练过程中，遗忘门将决定哪些信息是重要的、要保存，哪些要删除。

#### 3.1.9.3　理解 GRU

目前在用的 LSTM 有很多变体，其中一个合理的变体就是门控循环单元，即 GRU（图 3-14）。它通过结合遗忘门和输入门，形成更新门，同时合并单元状态和隐藏状态，并改变输出的生成方式。与标准的 LSTM 模型相比，这样得到的模型通常具有较小的复杂度。

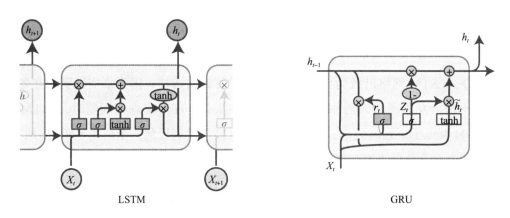

图 3-14　LSTM 和 GRU

GRU 像 LSTM 单元一样控制信息流，但不需要使用记忆单元。它只是公开全部隐藏的内容，没有任何控制。

经观察发现，LSTM 对较大的数据集表现更好，而 GRU 对较小的数据集表现更好。因此，并没有硬性规则选择哪一种，因为在某种程度上，应用效果也取决于数据和模型的复杂性。

**3.1.9.4　LSTM 的局限性**

除了 LSTM 网络的复杂度之外，它们往往比其他典型模型更慢。经过认真仔细的初始化和训练，即使是 RNN 也可以达到类似于 LSTM 的结果，而且计算复杂度也较低。此外，当最近的信息比较旧的信息更重要时，毫无疑问，使用 LSTM 模型是一个更好的选择，但也有一些问题需要我们回到过去解决。在这种情况下，一种称为注意力机制的新机制（一个稍微修改过的版本）正日益流行，我们将在后面讨论这一问题。

### 3.1.10　序列到序列模型

序列到序列（seq2seq）模型用于诸如聊天机器人、语音识别、对话系统、问答系统和图像标注等各个场景。seq2seq 模型的关键是序列保持输入的顺序，而基本神经网络则不是这样的。当然，没有很好的方法来表示时间和事物随时间变化的含义，因此 seq2seq 模型允许我们处理带有时间（或按时间顺序）元素的信息。这种模型允许我们保存标准神经网络无法保存的信息。

**3.1.10.1　什么是 seq2seq 模型**

简单来说，seq2seq 模型由两个独立的 RNN 构成，即编码器和解码器。编码器将多个时间步长的信息输入到网络中，并将输入序列编码为上下文向量。解码器获取隐藏状态并将其解码为所需的输出序列。这样的模型需要大量的数据，甚至是难以置信的数据量。

seq2seq 模型背后的关键任务是将序列转换为固定大小的特征向量，并且只对序列中重要的信息进行编码，丢掉没有用的信息。

让我们考虑一个简单的问答系统例子，其中的问题是"How are you?"。这个例子中，模型的输入是一个单词序列，因此，我们将尝试将序列中的每个单词放入一个固定大小的特征向量中，然后模型使用这些向量来预测输出，作为构造出来的应答。模型必须记住第一个序列中的重要内容，并丢弃该序列中任何没有用的信息，以生成相关的应答。

为了更好地理解整个过程，图 3-15 给出编码器和解码器的展开版本。

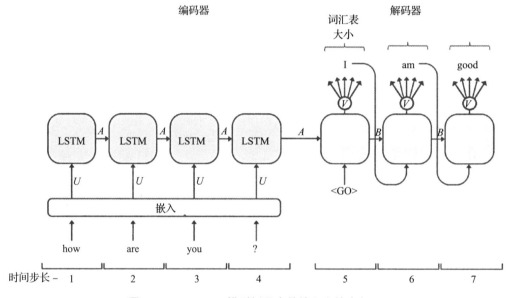

图 3-15　seq2seq 模型例子中的输入和输出句子

在编码器阶段，我们向网络输入问题"How are you?"序列中的嵌入式词向量，向一组 LSTM 中输入一组权重。在解码器端的最上面，有一个时间分布的密集网络（具体解释见代码部分），用于预测当前文本词汇表中的单词，以获取对输入问题的应答。

同样的模型可用于聊天机器人、语言翻译和其他相关目的。

#### 3.1.10.2　双向编码器

在双向编码器中，有一组 LSTM，覆盖向前方向的文本，另一组 LSTM，就在前一组 LSTM 的正上方，覆盖向后方向到来的文本。所以，这个例子中的权重（即图 3-15 中所示的 A）基本上就是隐藏状态，这样我们最终就有两个隐藏状态：一个来自前向，另一个来自后向。这使得网络能够从文本中学习，并获得有关上下文的完整信息。

对于几乎每一个 NLP 任务来说，双向 LSTM 通常比其他任何模型都要好得多（图 3-16）。添加双向 LSTM 层越多，得到的结果就越好。

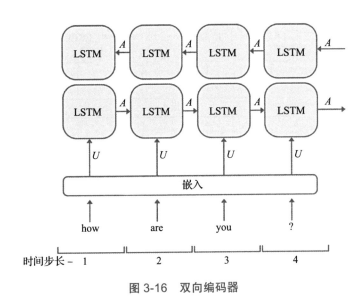

图 3-16　双向编码器

#### 3.1.10.3　叠加双向编码器

叠加双向编码器（如图 3-17 所示）有两个双向 LSTM，即四层（对于更复杂的结构，要获得更好的效果，最多可以叠加 6 个双向 LSTM）。

这些 LSTM 层的每一层内部都有权重，它们各自学习，同时也影响前面层的权重值。

对于给定的输入，随着网络随时间向前推进，并遇到来自传入文本的新信息，它会产生一个能够体现整个文本中所有有用内容的隐藏状态（图 3-17）。

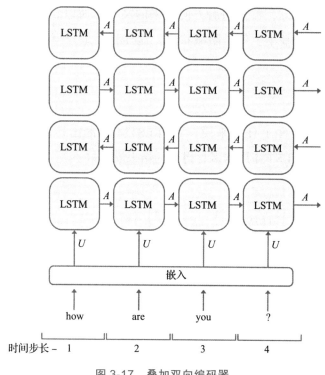

图 3-17 叠加双向编码器

#### 3.1.10.4 解码器

编码器输出上下文向量,该向量提供之前出现的整个序列的快照。上下文向量用于预测输出,方法是将其传递给解码器。

在解码器中,与普通神经网络一样,有一个带有 softmax 的稠密层,并且它是按时间分布的,这意味着每个时间步长都有一个这样的层。

如图 3-18 所示,上面的圆圈代表整个词汇表,得分最高的一个对应于那个时间步长的输出。这是对的,如果正在处理文本,并且只想用单词来获得结果,而顶层将有一个神经元对应词汇表中的每一个单词。顶层往往会随着词汇表大小的增加而变得超级大。

重要的是,如果要开始预测,就需要传递一个 <GO> 令牌来启动预测过程。接下来，我们将 <GO> 令牌本身作为第一个单元的输入，现在它从上下文向量中得到信息，对应答的第一个单词进行预测，然后我们从模型中取出预测出来的第一个单词，并将其作为输入提供给下一个时间步长，进而预测第二个单词，以此类推。这样就可以得到应答的完整文本。理论上，在理想的情况下，如果预测正确，模型应该预测出我们需要的应答或翻译的任何结果。

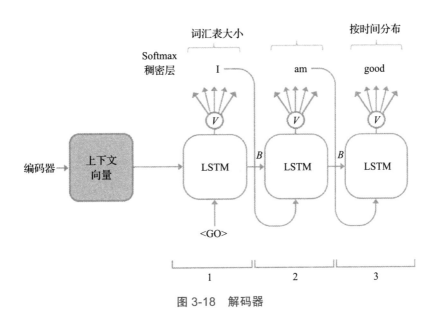

图 3-18　解码器

## 3.1.11　高级 seq2seq 模型

对于一般的短句任务来说，基本的 seq2seq 模型效果很好，但对于长句来说就不行了。此外，标准的 LSTM 可以记忆大约 30 个时间步长，如果超过此数量，记忆效果就会迅速下降。如果训练不够，记忆下降的速度更快。

与基本的 seq2seq 模型相比，注意力机制在处理短期长度序列时表现得更好一些。此外，利用注意力机制，可以记忆最长约 50 个时间步长。当前 NLP 的一个主要局限性就是没有任何方法可以在时间上追溯到过去并记住几个段落，更不用说整本书了。

解决这个问题有几个窍门。比如，可以使得输入反向，并向后训练模型，即后向变输入、前向变输出。这常常会使结束词更紧密地靠在一起，有助于更好地关联预测词。

seq2seq 模型可以是 RNN、LSTM（首选）或 GRU，对于较低级别的任务，双向 LSTM 更好。接下来介绍几个用于处理此类问题的高级模型。

#### 3.1.11.1　注意力评分

注意力模型可以查看给出的整个内容并制定方法，以找出哪个单词对文本中的每个单词来说是最重要的。可以说，它给句子中的每一个单词打分，这样它就能感觉到某些单词比其他单词更依赖于某些单词。

以前的文本生成方法能生成非常符合语法的句子，但这要么是把名称弄错了，要么是重复了一些字符，比如问号。理解注意力模型的最好方法是将其看作一种小型记忆模块，这些模块基本上位于网络之上，注视着单词，并从中挑选出最重要的。比如，下面的句子中并不是所有单词都具有同等重要性：

Last month everyone went to the club, but I stayed at home.
*Last month everyone* went to the *club*, but I *stayed* at home.

上面第二个句子中的斜体单词被标注出来，相对于句中别的单词打分较高。这有助于不同语言的翻译，也有助于上下文信息的保留，比如"Last month"发生的事件，因为在处理 NLP 任务时需要这个时间信息。

增加注意力有助于获取一个固定的长度向量，对每个单词打的分数可以让我们知道在给定的序列中每个单词和时间步长的重要程度。在处理翻译问题时这变得很重要。当人工翻译一个长句子时，我们会更多地关注特定的单词或短语，而不关心它们在句中的位置。注意力机制在重新建立神经网络的相同机制方面有帮助。

正如先前提到的，普通的模型只使用一个隐藏状态，无法抓住整个句子的关键点，随着句子长度的增加，情况会变得更糟。注意力向量（如图 3-19 所示）有助于提高模型的性能，方法是在解码器的每个步骤从整个输入语句中捕获信息。该步骤确保解码器不仅依赖于最后的解码器状态，而且还依赖于所有输入状态的组合权重。

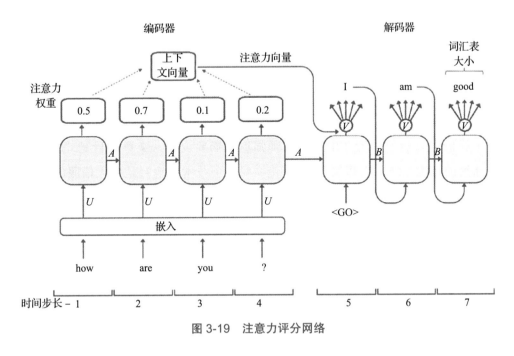

图 3-19　注意力评分网络

最好的技术是在编码器中使用双向 LSTM，并在其上添加注意力模型。

图 3-20 是一个用于语言翻译的注意力评分网络的应用示例。编码器端一直接收输入令牌，直到它收到一个特殊的结束令牌 <DONE> 为止，然后解码器接管并开始生成令牌，并使用自己的结束令牌 <DONE> 完成解码器工作。

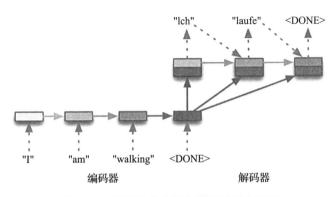

图 3-20　使用注意力评分网络的语言翻译

当英语句子令牌传入时，编码器将改变内部状态，然后，一旦收到最后一个令牌，最终的编码器状态就会被输出并传递给解码器，这个过程重复进行。在解码器中，每个单独的德语令牌被生成，解码器也有自己的动态内部状态。

#### 3.1.11.2　教师强迫

教师强迫模型将实际观察到的数据作为每个连续时间步长的输入，代替网络的输出。我们可以参考原论文中关于教师强迫的摘要说明，文章题目是"教授强迫：一种新型的训练循环网络算法"，这篇论文对这项技术的解释是令人信服的（https://papers.nips.cc/paper/6099-professor-forcing-a-new-algorithm-for-training-recurrent-networks.pdf）。

教师强制算法通过在训练过程中提供观察到的序列值作为输入来训练循环网络，并使用网络本身的超前一步预测来进行多步抽样。我们介绍了教授强迫算法，该算法使用逆域自适应机制促使循环网络，在训练网络时和从网络进行多个时间步长的采样时，保持相同的动态性。

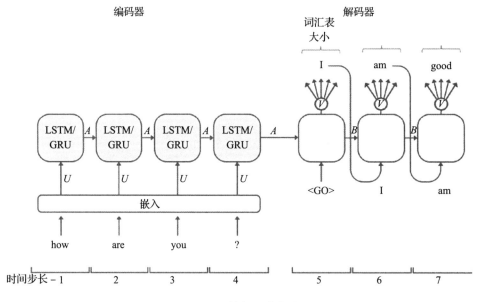

图 3-21　教师强迫方法

为了更好地理解这一点，在训练教师强迫模型时，可以在做预测部分的同时，检查预测的每个单词是否正确，并在反向传播网络时使用这些信息。但是，我们并不把预测到的单词输入到下一个时间步长。相反，在对下一个单词进行预测时，我们使用前面最后一个时间步长的正确单词应答来进行下一个时间步长的预测。这就是为什么这个过程称为"教师强迫"的原因。我们基本上是强迫解码器部分不仅使用最后一个隐藏状态的输出，而且还要使用正确的应答。这大大改进了文本生成的训练方法。对测试数据集进行实际评分时，将不执行这个过程。在对步骤评分时，应利用学习到的权重。

教师强迫技术是反向传播的一种替代方法，用于训练 RNN。图 3-21 是一个使用教师强迫机制训练 RNN 的例子。

### 3.1.11.3　窥探

窥探是指直接在 RNN 或 LSTM 的每一步长输入上下文向量的隐藏状态。隐藏状态在每次经过权重计算后都会发生变化，我们利用这个更新的隐藏状态，也将来自编码器的原始上下文向量保存下来，以便它核查定期更新的产生机制，以找出提高准确性的方法。窥探技术是 Yoshua Bengio 和他的合作者们在一篇研究论文中提出来的，该论文是"基于 RNN 编解码器进行统计机器翻译的学习短语表示"（https://arxiv.org/abs/1406.1078）。

> 我们提出了一种新型的神经网络模型，称为 RNN 编码器 – 解码器，它由两个 RNN 构成。一个 RNN 负责将符号序列编码成固定长度的向量表示，另一个 RNN 负责将该向量表示解码成另一个符号序列。所提模型的编码器和解码器通过联合训练，在给定源序列的前提下，使得目标序列的条件概率最大。该模型可以学习语言短语在语义和句法上有意义的表示。

## 3.1.12　序列到序列用例

为便于讲解 seq2seq 模型的用例，我们采用一篇研究论文中所使用的注释语料库的文本内容。这篇论文的题目是"开发基准语料库，以支持从医疗病例报告中自动提取与药物有关的不良反应"（www.sciencedirect.com/science/article/pii/
S1532046412000615），作者是 H. Gurulingappa。

本文介绍的工作旨在生成一个系统的注释语料库，以支持开发和验证从医疗病例报告中自动提取药物相关不良反应的方法。这些文档在各个回合被有系统地双重注释，以确保注释的一致性。注释的文档最终被统一，以产生具有代表性的一致的注释。

我们使用了一个开源模型 skip-gra，该模型由 NLPLab（http://evexdb.org/pmresources/vec-spacemodels/wikipedia-pubmed-and-PMC-w2v.bin）提供，该模型对所有的 PubMed 摘要和 PMC 全文（408 万个单词）进行了训练。skip-gram 模型的输出是一个具有 200 维度的字向量集。

与往常一样，首先导入所有必要的模块：

```
# Importing the required packages
import os
import re
import csv
import codecs
import numpy as np
import pandas as pd

import nltk
from nltk.corpus import stopwords
from nltk.stem import SnowballStemmer
from string import punctuation
from gensim.models import KeyedVectors
```

检查用于本练习的 Keras 和 TensorFlow 版本：

```
import keras
print(keras.__version__)
> 2.1.2
import tensorflow
print(tensorflow.__version__)
> 1.3.0
```

确保已经从前面提到的链接中下载词嵌入文件，并将其保存到当前工作目录中。

```
EMBEDDING_FILE = 'wikipedia-pubmed-and-PMC-w2v.bin'
print('Indexing word vectors')
> Indexing word vectors

word2vec = KeyedVectors.load_word2vec_format(EMBEDDING_FILE,
binary=True)
print('Found %s word vectors of word2vec' % len(word2vec.
vocab))
> Found 5443656 word vectors of word2vec

import copy
from keras.preprocessing.sequence import pad_sequences
> Using TensorFlow backend.
```

Gurulingappa 的论文中使用的 ADE 语料库包含三个文件：DRUG-AE.rel、DRUG-DOSE.rel 和 ADE-NEG.txt。我们将利用文件 DRUG-AE.rel，这个文件提供了药物与不良反应之间的关系。

这个文件的文本样本如下：

```
10030778 | Intravenous azithromycin-induced ototoxicity.
| ototoxicity | 43 | 54 | azithromycin | 22 | 34

10048291 | Immobilization, while Paget's bone disease was
present, and perhaps enhanced activation of dihydrotachysterol
by rifampicin, could have led to increased calcium-release into
the circulation. | increased calcium-release | 960 | 985 |
dihydrotachysterol | 908 | 926

10048291 | Unaccountable severe hypercalcemia in a patient
treated for hypoparathyroidism with dihydrotachysterol. |
hypercalcemia | 31 | 44 | dihydrotachysterol | 94 | 112
10082597 | METHODS: We report two cases of pseudoporphyria
caused by naproxen and oxaprozin. | pseudoporphyria | 620 | 635
| naproxen | 646 | 654

10082597 | METHODS: We report two cases of pseudoporphyria
caused by naproxen and oxaprozin. | pseudoporphyria | 620 | 635
| oxaprozin | 659 | 668
```

DRUG-AE.rel 文件的格式如下，列与列之间由管道分隔符隔开：

列 – 1：PubMed-ID

列 – 2：句子

列 – 3：不良反应

列 – 4：不良反应在"文档级别"的起始位移

列 – 5：不良反应在"文档级别"的结束位移

列 – 6：药物

列 – 7：药物在"文档级别"的起始位移

列 – 8：药物在"文档级别"的结束位移

> **注释** 在注释期间，通过这种格式来引用文档：PubMed-ID \n \n 标题 \n \n 摘要。

```
# Reading the text file 'DRUG-AE.rel' which provides relations
between drugs and adverse effects.
TEXT_FILE = 'DRUG-AE.rel'
```

接下来，要为我们的模型创建输入，该模型的输入是一个字符序列。目前，假设序列长度为 200，也就是说，数据集大小 = "原始字符数量 – 序列长度"。

每输入一个数据，即 200 个字符的一个序列，接着以单热编码格式输出一个字符。我们在 Input_data_ae 和 op_Label_ae 张量中追加输入数据字段及其相应的标签，如下所示：

```
f = open(TEXT_FILE, 'r')

for each_line in f.readlines():
    sent_list = np.zeros([0,200])
    labels = np.zeros([0,3])
    tokens = each_line.split("|")
    sent = tokens[1]
    if sent in sentences:
        continue
    sentences.append(sent)
    begin_offset = int(tokens[3])
    end_offset = int(tokens[4])
    mid_offset = range(begin_offset+1, end_offset)
```

```
        word_tokens = nltk.word_tokenize(sent)
        offset = 0
        for each_token in word_tokens:
            offset = sent.find(each_token, offset)
            offset1 = copy.deepcopy(offset)
            offset += len(each_token)
            if each_token in punctuation or re.search(r'\d', each_
            token):
                continue
            each_token = each_token.lower()
            each_token = re.sub("[^A-Za-z\-]+","", each_token)
            if each_token in word2vec.vocab:
                new_word = word2vec.word_vec(each_token)
            if offset1 == begin_offset:
                sent_list = np.append(sent_list, np.array([new_
                word]), axis=0)
                labels = np.append(labels, np.array([[0,0,1]]),
                axis=0)
            elif offset == end_offset or offset in mid_offset:
                sent_list = np.append(sent_list, np.array([new_
                word]), axis=0)
                labels = np.append(labels, np.array([[0,1,0]]),
                axis=0)
            else:
                sent_list = np.append(sent_list, np.array([new_
                word]), axis=0)
                labels = np.append(labels, np.array([[1,0,0]]),
                axis=0)
        input_data_ae.append(sent_list)
        op_labels_ae.append(labels)
input_data_ae = np.array(input_data_ae)
op_labels_ae  = np.array(op_labels_ae)
```

给输入的文本添加填充项，使得在任一时间步长的输入文本最大长度均为 30（这是为了安全起见！）。

```
input_data_ae = pad_sequences(input_data_ae, maxlen=30,
dtype='float64', padding='post')
op_labels_ae = pad_sequences(op_labels_ae, maxlen=30,
dtype='float64', padding='post')
```

检查输入数据及其相应标签的条目总数。

```
print(len(input_data_ae))
> 4271
print(len(op_labels_ae))
> 4271
```

从 Keras 导入必需的模块。

```
from keras.preprocessing.text import Tokenizer
from keras.layers import Dense, Input, LSTM, Embedding,
Dropout, Activation,Bidirectional, TimeDistributed
from keras.layers.merge import concatenate
from keras.models import Model, Sequential
from keras.layers.normalization import BatchNormalization
from keras.callbacks import EarlyStopping, ModelCheckpoint
```

创建训练和验证数据集，其中 4000 个条目用于训练，其余 271 个用于验证。

```
# Creating Train and Validation datasets, for 4271 entries,
4000 in train dataset, and 271 in validation dataset
x_train= input_data_ae[:4000]
x_test = input_data_ae[4000:]
y_train = op_labels_ae[:4000]
y_test =op_labels_ae[4000:]
```

现在我们有了标准格式的数据集，接着来看这个过程中最重要的部分：定义模型体系结构。我们将使用双向 LSTM 网络的一个隐藏层，它有 300 个隐藏单元，丢弃率为 0.2。除此之外，还使用一个时间分布稠密层，其丢弃率也为 0.2。

丢弃（Dropout）是一种正则化技术，通过该项技术，在更新神经网络层时，可以随机地不更新（即丢弃）某些层。也就是说，在更新神经网络层的时候，可以用 1-dropout 的概率更新每个节点，并以 dropout 的概率保持节点不变。

RNN（和 LSTM）使用时间分布层维护输入与输出的一对一映射。假设有 200 个样本数据的 30 个时间步长，即 30×200，我们希望使用输出为 3 的 RNN。如果我们不使用时间分布稠密（TimeDistributedDense）层，可以得到一个 200×30×3 的张量。所以，输出将扁平化并与每个时间步长混合。如果应用时间分布稠密层，将在每个时间步长上应用一个全连接的稠密层，并按时间步长分别得到输出。

我们还使用 categorical_crossentropy 作为损失函数，adam 作为优化器，softmax 作为激活函数。

通过它们，可以更好地了解 LSTM 网络是如何工作的。

```
batch = 1      # Making the batch size as 1, as showing model
               each of the instances one-by-one
# Adding Bidirectional LSTM with Dropout, and Time Distributed
  layer with Dropout
# Finally using Adam optimizer for training purpose
xin = Input(batch_shape=(batch,30,200), dtype='float')
seq = Bidirectional(LSTM(300, return_sequences=True),merge_
mode='concat')(xin)
mlp1 = Dropout(0.2)(seq)
mlp2 = TimeDistributed(Dense(60, activation='softmax'))(mlp1)
mlp3 = Dropout(0.2)(mlp2)
mlp4 = TimeDistributed(Dense(3, activation='softmax'))(mlp3)
model = Model(inputs=xin, outputs=mlp4)
model.compile(optimizer='Adam', loss='categorical_
crossentropy')
```

我们将 epoch 设定为 50，批大小 batch_size 为 1，并展开模型的训练。这里 1 个 epoch 等于使用训练集中的全部样本训练一次。只要模型不断改进，总是可以增加 epoch 的数量。还可以创建检查点，以便以后可以检索和使用模型。创建检查点的深层次的原因是，在训练时保存模型权重，这样以后就不必再走完相同的过程。这个留给读者自己去练习。

```
model.fit(x_train, y_train,
          batch_size=batch,
          epochs=50,
          validation_data=(x_test, y_test))
> Train on 4000 samples, validate on 271 samples
> Epoch 1/50
4000/4000 [==============================] - 363s 91ms/step -
loss: 0.1661 - val_loss: 0.1060
> Epoch 2/50
4000/4000 [==============================] - 363s 91ms/step -
loss: 0.1066 - val_loss: 0.0894
> Epoch 3/50
```

```
4000/4000 [==============================] - 361s 90ms/step -
loss: 0.0903 - val_loss: 0.0720
> Epoch 4/50
4000/4000 [==============================] - 364s 91ms/step -
loss: 0.0787 - val_loss: 0.0692
> Epoch 5/50
4000/4000 [==============================] - 362s 91ms/step -
loss: 0.0698 - val_loss: 0.0636
...
...
...
> Epoch 46/50
4000/4000 [==============================] - 344s 86ms/step -
loss: 0.0033 - val_loss: 0.1596
> Epoch 47/50
4000/4000 [==============================] - 321s 80ms/step -
loss: 0.0033 - val_loss: 0.1650
> Epoch 48/50
4000/4000 [==============================] - 322s 80ms/step -
loss: 0.0036 - val_loss: 0.1684
> Epoch 49/50
4000/4000 [==============================] - 319s 80ms/step -
loss: 0.0027 - val_loss: 0.1751
> Epoch 50/50
4000/4000 [==============================] - 319s 80ms/step -
loss: 0.0035 - val_loss: 0.1666
<keras.callbacks.History at 0x7f48213a3b38>
```

用带有 271 个条目的验证数据集来检验模型的结果。

```
val_pred = model.predict(x_test,batch_size=batch)
labels = []
for i in range(len(val_pred)):
    b = np.zeros_like(val_pred[i])
    b[np.arange(len(val_pred[i])), val_pred[i].argmax(1)] = 1
    labels.append(b)

print(val_pred.shape)
> (271, 30, 3)
```

> 注释　val_pred 张量的大小为（271, 30, 3）。

可以使用 f1_score 以及 precision_score 和 recall_score 检验模型的性能，这需要从 Scikit-learning 库导入所需的模块。

```
from sklearn.metrics import f1_score
from sklearn.metrics import precision_score
from sklearn.metrics import recall_score
```

定义一些变量用来保存模型性能的记录。

```
score =[]
f1 = []
precision =[]
recall =[]
point = []
```

我们可以列出在验证数据集中 f1_score 超过 0.6 的所有实例。通过对验证数据设定基准值，可以得到合理的性能评价。

```
for i in range(len(y_test)):
    if(f1_score(labels[i],y_test[i],average='weighted')>.6):
        point.append(i)
        score.append(f1_score(labels[i],
        y_test[i],average='weighted'))
        precision.append(precision_score(labels[i],
        y_test[i],average='weighted'))
        recall.append(recall_score(labels[i],
        y_test[i],average='weighted'))
print(len(point)/len(labels)*100)
> 69.37
print(np.mean(score))
> 0.686
print(np.mean(precision))
> 0.975
print(np.mean(recall))
> 0.576
```

虽然所产生的结果并不十分令人满意，但它确实取得了接近最好的结果。这些不足可能可以通过构建更稠密的网络、增加 epoch 数量和数据集的长度来克服。

使用 CPU 训练大型数据集需要花费太多的时间。由于这个原因，要想快速训练深度学习模型，使用 GPU 几乎是不可避免的，也是非常重要的。

训练 RNN 是一件有趣的事，同样的算法可以扩展到许多其他领域，如音乐生成、语音生成等。它还可以有效地扩展到实际应用中，如视频字幕和语言翻译。

我们鼓励读者在这个层次为不同的应用创建自己的模型，我们将在下一章介绍更多这样的例子。

## 3.2 下一步

本章的内容是任何类型的 RNN 最重要的组成部分，也是它的核心，无论是 Siamese 网络、seq2seq 模型、注意力机制还是转移学习。（建议读者进一步学习这些概念，以便更好地了解那些广泛应用的网络及其结构的多样性，包括它们各自的用例。）

此外，如果能直觉地了解三维向量的维度和乘法在 TensorFlow 和 NumPy 中的工作原理，那么你就非常有能力实现最复杂的模型。所以，重点应该是尽可能多地掌握基本知识。旨在通过注意力/权重增加复杂性的模型只是多了几次迭代/思考来提高模型精度。这种进一步的提高更像黑客，无论多么成功，仍然需要一个结构化的思维过程。要想更好地掌握这些概念，最好的办法还是继续学习不同类型的模型及其广泛的应用实例。

# 第 4 章
# 开发聊天机器人

在本章中,我们将以循序渐进的方式创建一个聊天机器人,并从两个层次实现创建。本章的第一节介绍聊天机器人的概念,接下来介绍基于规则的简单聊天机器人系统的实现。最后一节将讨论序列到序列(seq2seq)循环神经网络(RNN)模型在公开数据集上的训练过程,最终得到的聊天机器人将能够回答经过模型训练后的数据集领域中的特定问题。我们希望你掌握了前面的章节,本章将带你参与深度学习和自然语言处理(NLP)的实现。

## 4.1 聊天机器人简介

事实上,即使我们不知道如何定义聊天机器人,但是我们都在使用它,这种情况反而使得聊天机器人的定义有点无关紧要。

我们都在日常生活中使用各种应用程序,如果有人在阅读本章之前没有听说过"聊天机器人",那真是令人惊讶。聊天机器人就像任何其他应用程序一样,能够将它与常规的应用程序区分的唯一差别是它们的用户界面。聊天机器人有一个聊天界面,用户可以通过这个界面以对话方式与应用程序进行文字聊天,更确切说是以发消息的方式,而不是采用由按钮和图标组成的可视化界面。我们希望这个定义已经清楚了,接下来可以深入了解聊天机器人的精彩世界。

### 4.1.1 聊天机器人的起源

了解事物的起源往往有巨大的价值。

不要仅仅成为事实的记录者，而要尝试探究事实起源的奥秘。

——巴甫洛夫

在没有探究过起源的情况下，想讲清楚聊天机器人是很难的。如今的人们可能会对历史上这一事实感到好笑：1950年，当世界从第二次世界大战的冲击中恢复过来时，英国多才多艺的学者阿兰·图灵（Alan Turing）有远见地提出开展一项测试，看看一个人是否可以将人与机器区分开来，这就是图灵测试（https://en.wikipedia.org/wiki/Turing_test）。

经过十六年以后，在1966年，Joseph Weizenbaum 发明了一个名为 ELIZA 的计算机程序，它只用200行代码就模仿了心理治疗师的语言，如图4-1所示。现在仍然可以通过如下网址与它交谈：

http://psych.fullerton.edu/mbirnbaum/psych101/Eliza.htm。

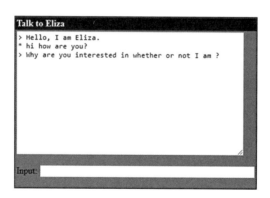

图 4-1　Eliza 聊天机器人

机器学习技术的最新发展为聊天机器人提供了前所未有的动力，随着时间的流逝，它们能够解释自然语言，实现更好的理解和学习效果。像 Facebook、Apple、Google 和 Microsoft 等大公司正在投入大量资源去开展有关研究，这些研究涉及利用商业上可行的商业模型来模拟消费者和机器之间的真实对话场景。

## 4.1.2 聊天机器人如何工作

请看下面几句话：

"嘿，怎么了？"

"你怎么样？"

"你好！"

这些句子似乎很熟悉。不是吗？它们都是各种各样的消息，属于问候语。我们如何回复这些问候呢？通常，我们回答"我很好，你呢？"

这正是聊天机器人的工作方式。一个典型的聊天机器人会找到所提问题的所谓上下文，显然在这里，它是"问候语"。然后，机器人会选择合适的回复并将其发送回用户。机器人是如何找到合适的回复呢？机器人可以处理诸如图像、音频和视频这样的附件吗？我们将在后面几节中解答这些问题。

## 4.1.3 为什么聊天机器人拥有如此大的商机

Forrester 公司的研究报告（https://go.forrester.com/data/consumer-technographics/）指出，我们在移动设备上所用的大约 85% 的时间都花费在诸如电子邮件和消息平台等主要应用程序上。凭借深度学习和 NLP 带来的巨大好处，几乎每家公司都在尝试构建应用程序以便让潜在的消费者与其产品和服务接触，而聊天机器人可以独特地服务于此目的。传统的客户服务处理过程中遇到的多种人为错误，都可以通过采用聊天机器人来轻松避免。此外，聊天机器人还可以允许客户和相关公司访问所有聊天和问题的历史记录。

虽然聊天机器人可以被视为与最终客户进行对话的应用程序，但可以在更高级别对聊天机器人完成的任务和少数相关应用程序进行分类：

- 问题回答：每个用户各有一轮对话，适用于标记的答案事先存在的情况。
    a）产品查询用例

b）抽取用户信息
- 句子完成：在对话框中填写下一个话语中缺失的单词
  a）将正确的产品映射给客户
- 有目标的对话：与实现目标的任务进行对话
  a）向客户推荐
  b）与客户谈判价格
- 闲聊对话：没有明确目标的对话，更多是讨论
  目前不讨论这样的用例
- 可视化对话：包含文本、图片和音频的任务
  a）与客户交换图片并对图片进行推论

好吧，你现在可能会想："很好，可怎么建一个聊天机器人呢？"

### 4.1.4 开发聊天机器人听起来令人生畏

构建聊天机器人的困难不是技术问题，而是用户体验。市场上最流行的成功机器人之一是用户愿意定期回访并能为其日常任务和需求提供有效价值的机器人。

——Matt Hartman，Betaworks 种子投资公司总监

在构建聊天机器人之前，如果提前解决下面四个问题并决定如何推进这个项目，则更有意义：

- 我们打算用机器人解决什么问题？
- 我们的机器人将运行在哪个平台上（Facebook、Slack 等）？
- 我们将使用什么服务器来托管机器人？用 Heroku（www.heroku.com），还是我们自己的呢？
- 我们打算从头开始研发，还是使用现成的聊天机器人平台工具呢（如下所示）？
  - Botsify（https://botsify.com/）
  - Pandorabots（https://playground.pandorabots.com/en/）
  - Chattypeople（www.chattypeople.com/）

- Wit.ai（https://wit.ai/）
- Api.ai（https://api.ai/）

为了更深入地了解不同平台的工作方法以及针对每种业务用例的最佳匹配平台，可以参考如下网络链接所指向的主流聊天机器人平台的相关文档：

- Facebook Messenger（https://developers.facebook.com/products/messenger/）
- Slack（https://api.slack.com/bot-users）
- Discord（https://blog.discordapp.com/the-robot-revolution-has-unoffcially-begun/）
- Telegram（https://core.telegram.org/bots/api）
- Kik（https://dev.kik.com/#/home）

## 4.2 对话型机器人

对于我们的第一个版本的对话型聊天机器人，我们将制作一个基于规则的机器人，帮助开发人员针对最终用户提出的指定类型的问题来定义其想要的答案。创建这样一个机器人会帮助我们对使用机器人有一个基本认知，之后我们将学习下一级别的内容，即文本生成机器人。

我们将使用 Facebook Messenger 作为我们的平台，以 Heroku 作为我们的服务器，以启动聊天机器人的基本版本。首先，你必须有一个 Facebook 页面，如果没有，请先创建一个。为了与机器人通信，必须访问该页面并选择消息传递选项，以便启动对话。

按照图 4-2 中的步骤在 Facebook 上创建页面：

1. 选择"Create a Page"选项。
2. 选择所需的组织类别和名称以创建页面。例如，我们选择"Insurance"作为组织类别；稍后，我们将围绕它构建测试用例，并使用与保险相关的对话数据集来训练模型。

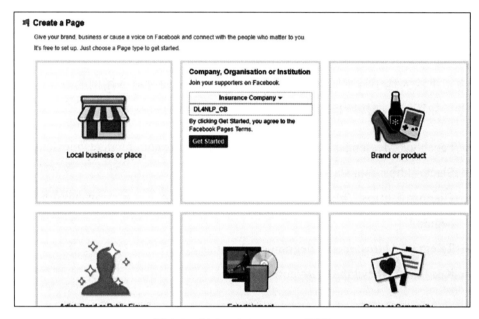

图 4-2  创建一个 Facebook 页面

3. 根据需要为页面添加配置文件和封面照片。

完成上述步骤后,最后的页面是 Dl4nlp_cb(www.facebook.com/dlnlpcb/),如图 4-3 所示。

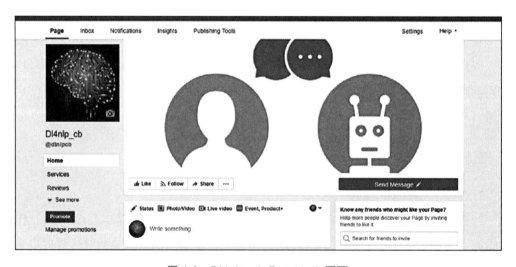

图 4-3  Dl4nlp_cb Facebook 页面

下一步是创建一个 Facebook 应用程序。请访问网站 URL（https://developers.facebook.com/apps/）登录你的官方 Facebook 账户，创建一个 Facebook 应用程序。该应用程序会订阅已创建的 Facebook 页面，并替该页面处理所有回复（图 4-4）。

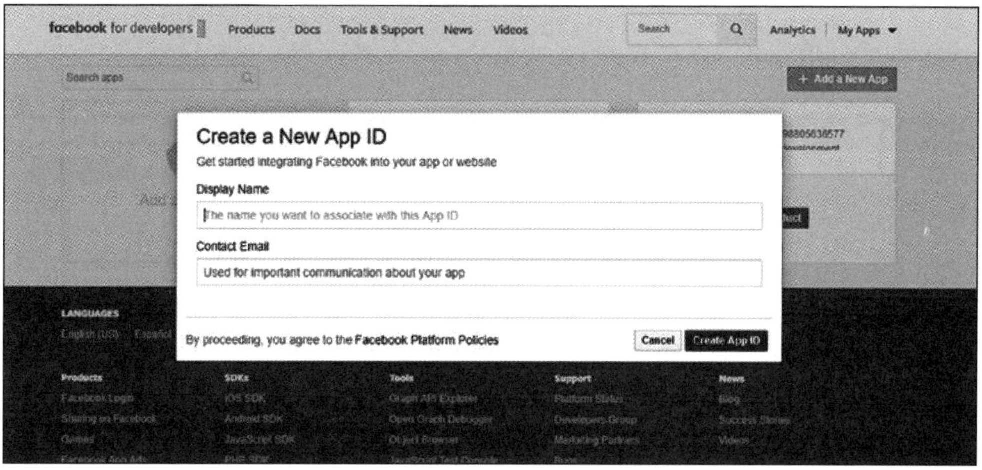

图 4-4　创建 Facebook 应用程序

我们已经为应用程序分配了与之前创建的 Facebook 页面相同的显示名称，并且使用所需的电子邮件 ID 进行了注册。发布创建的应用程序后，Facebook 的应用程序仪表盘（App Dashboard）如图 4-5 所示。

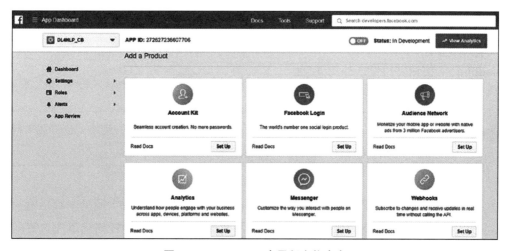

图 4-5　Facebook 应用程序仪表盘

Facebook 提供了一系列可以添加到新创建的应用程序中的产品。出于创建聊天机器人的目的，我们需要选择 Messenger 作为选项（图 4-5 中的第二行、中间的选项）。单击"Set Up"按钮，之后用户将重定向到"Settings"页面（如图 4-6 所示）。在该页面中，除了选择教程之外，还可以创建令牌（token）并设置网页钩子（webhook），详见如下内容。

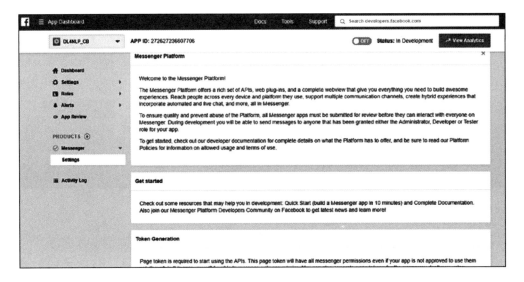

图 4-6　Facebook 应用程序设置页面

在"Settings"页面中，转到"Token Generation"部分，然后选择在第一步中创建的 Facebook 页面（Dl4nlp_cb），紧接着会弹出一个警告框并要求授予权限。单击"Continue"按钮并继续（如图 4-7 所示）。

 注释　可以检查会被 Facebook 访问的关于该应用程序的信息，单击"Review the info that you provide"链接可以进行检查。

选择"Continue"选项后，将看到另一个窗口，其中显示授予该页面的权限。用户可以选择要授予的权限。一般而言，推荐不要更改权限部分中任何已事先选好的选项（如图 4-8 所示）。

图 4-7　Facebook 令牌产生

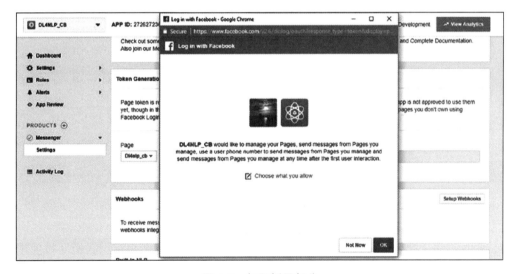

图 4-8　权限授予部分

单击"Choose what you allow"将显示授予该 Facebook 页面的权限。检查完毕后，单击"OK"并转到其他步骤（如图 4-9 所示）中。

这将在应用程序设置页面上启动令牌的产生（产生令牌可能需要几秒钟），请见图 4-10。

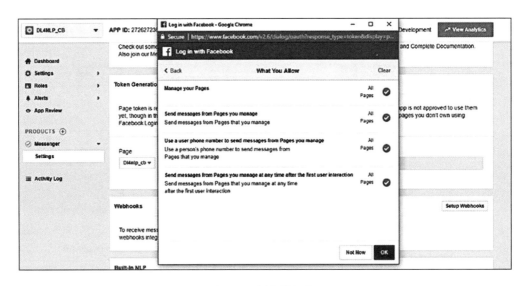

图 4-9　授予的权限

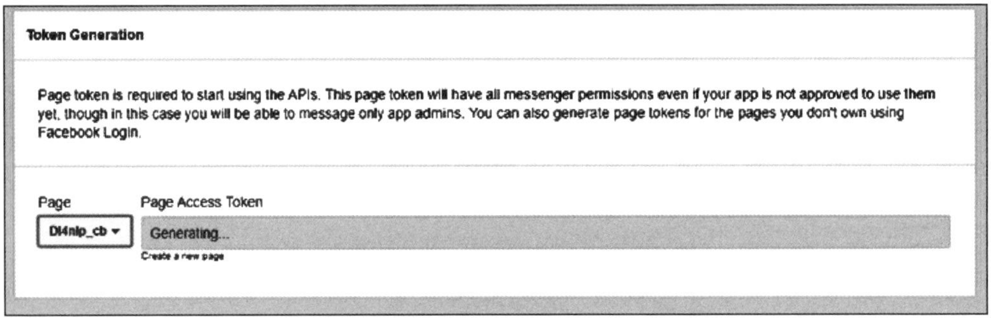

图 4-10　产生最后的页面访问令牌

页面访问令牌是一个长字符串，是由数字和字母组合而成的。我们稍后将使用它来创建 Heroku 应用程序。它会被设置为 Heroku 应用程序中的一个配置参数。

每次产生的令牌都是唯一的，并且对于每个应用程序、页面和用户组合来说，令牌也是唯一的。令牌产生后，它看起来如图 4-11 所示。

在创建 Facebook 页面和应用程序之后，请在 Heroku（www.heroku.com）网站上注册一个账号然后登录，并创建一个应用程序，使用 Python 作为所选语言。

图 4-11　页面访问令牌

在 Heroku 上创建的应用程序将为我们提供一个网页钩子（webhook）。每当事件被触发时，Facebook 应用程序可以将请求发送给这个网页钩子。对于聊天机器人而言，这样的触发事件可以是它接收或发送消息的操作。

 注释　确保用于 Heroku 账号的密码是字母、数字和符号的组合，必须是三者的组合，而不只是两者。

创建账户后，Heroku 仪表板看起来如图 4-12 所示。

图 4-12　Heroku 仪表盘

单击"Create New App"可以在 Heroku 上创建应用程序。有关 Python 语言的教程，可以通过单击"Python"按钮访问共享教程：https://devcenter.heroku.com/articles/getting-started-with-python#introduction。现在，可以保持默认的"United States"选项，同时对于 pipline，在创建应用程序时无须做任何选择（如图 4-13 所示）。

> 注释　Heroku 应用程序的名称不能包含数字、下划线或符号，只允许使用小写字母。

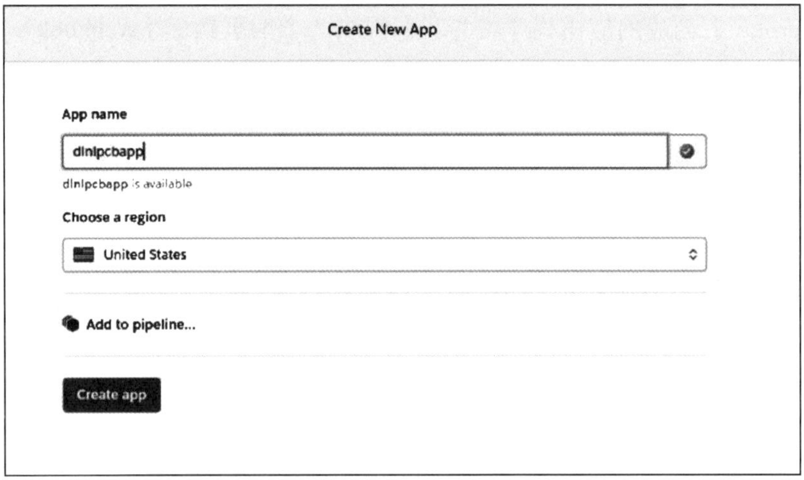

图 4-13　Heroku 应用程序创建

Heroku 应用程序仪表盘如图 4-14 所示，默认情况下，在创建应用程序后已选择"Deploy"选项卡。

现在我们已准备好使用 Facebook 应用程序和页面以及 Heroku 应用程序。下一步是创建代码并将其导入 Heroku 应用程序中。

从以下 URL 访问 GitHub 存储库并将其克隆到你的个人 GitHub 账号中，以便访问为我们的第一版聊天机器人的测试用例提供的示例代码：https://github.com/palashgoyal1/DL4NLP。GitHub 存储库包含四个需要首先处理的重要文件。

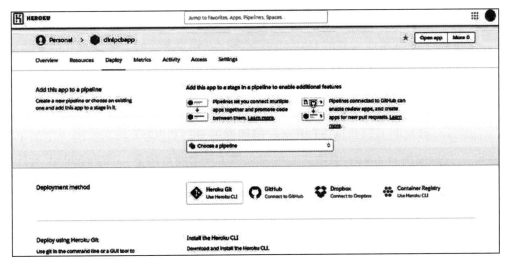

图 4-14　Heroku 应用程序仪表盘

其中，.gitignore 文件告诉 Git 应该忽略哪些文件（或模式）。它具有如下内容：

> *.pyc
> .*

Procfile 文件用于声明各种处理类型，在我们的测试用例中，是一个 Web 应用程序。它具有如下内容：

> web: gunicorn app:app --log-file=-

Requirements.txt 文件用于安装 Python 依赖包，它具有如下内容：

> Flask==0.11.1
> Jinja2==2.8
> MarkupSafe==0.23
> Werkzeug==0.11.10
> click==6.6
> gunicorn==19.6.0
> itsdangerous==0.24
> requests==2.10.0
> wsgiref==0.1.2
> chatterbot>=0.4.6
> urllib
> clarifai==2.0.30
> enum34

App.py 是一个 Python 文件，它包含聊天机器人应用程序的主要代码。由于文件很大，我们将它放在前面提到的 GitHub 存储库中。需要参考时，请读者自行访问它。这样，克隆存储库也会更容易。

下面，我们来设置网页钩子（webhook）。（webhook 是一个 HTTP 回调，即在发生某个事件时触发的 HTTP POST 请求，例如通过 HTTP POST 请求发出一个简单事件通知。）我们使用 Heroku，是因为它可以提供了一个网页钩子，当 Facebook 有任何事件发生时，Facebook 利用该网页钩子发送请求并检索相应的结果。

请访问你在 Heroku 中创建的应用程序，然后转到"Deploy"选项卡。有四种方法可以部署你的 Heroku 应用程序，分别是通过 Heroku Git、GitHub、Dropbox 和 Container Registry（如图 4-15 所示）。为了简单起见，我们将使用 GitHub 部署代码。

图 4-15　Heroku 部署应用程序部分

一旦我们选择"Connect to GitHub"按钮，它将要求提供已存放代码的 GitHub 存储库。这里需要确保提及的名称是正确的，并且主目录作为存储库。选择正确的存储库后，单击"Connect"按钮（如图 4-16 所示）。

代码将使用你的个人 GitHub 存储库的链接进行部署，该库中已存放特定应用程序的代码。在 Heroku 的"Settings"选项卡中，可以在"Domains and Certificates"部分下找到该应用程序的域名，其格式与"https://*******.herokuapp.com/"类似。

例如，对于之前创建的测试应用程序，它的域名是 https://dlnlpcbapp.herokuapp.com/。请单独记下来，因为我们稍后需要它。

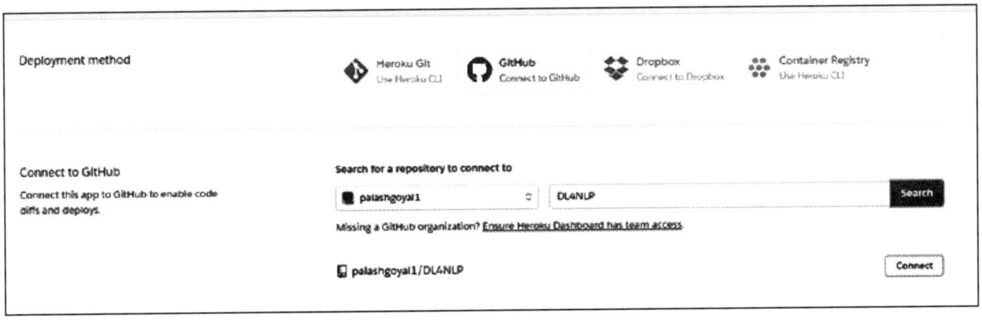

图 4-16　Heroku 通过 GitHub 部署应用程序

现在可以将 Facebook 页面 Dl4nlp_cb 和 Heroku 应用程序 dlnlpcbapp 进行集成。访问 Facebook 应用程序仪表盘，在显示页面访问令牌的"Messenger Settings"选项卡下，转入 webhook 选项，设置网页钩子（如图 4-17 所示）。

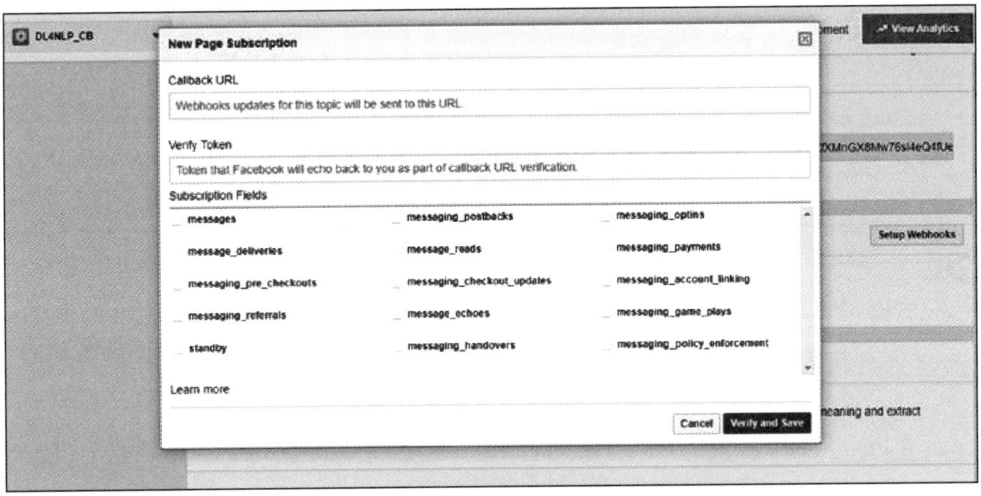

图 4-17　设置网页钩子

在弹出窗口中指定以下三个字段的信息：

- Callback URL：我们之前设置的 Heroku URL（在步骤 1 中产生的设置 URL）。

- Verification Token：将发送给你的机器人的一个秘密值，用于验证请求是否来自 Facebook。无论你在这里设置何值，请一定要将其添加到你的 Heroku 环境中。
- Subscription Fields：用于把你关注的消息事件告诉 Facebook，并希望它通知你的网页钩子。如果你无法确定选择哪些消息事件，请选中所有方框（如图 4-18 所示）。

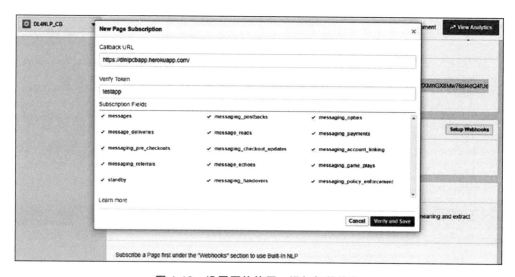

图 4-18　设置网络钩子：添加相关信息

> 注释　"Callback verification failed"是所报告的最常见错误之一。当尝试将 Heroku 端点添加到 Facebook 聊天应用程序时，如果 Facebook 返回错误消息（如图 4-19 所示），就包含该信息。

如果 Facebook 发送的令牌与使用 Heroku 配置变量设置的令牌不匹配，Flask 应用程序会故意返回 403 被禁止错误。

如果遇到图 4-19 中所示的错误，则表示没有正确设置 Heroku 配置值。通过从应用程序的命令行中运行"heroku config"命令，并验证名为 VERIFY_TOKEN 的键被设置为等于 Facebook 窗口中键入的值，可以纠正这个错误。

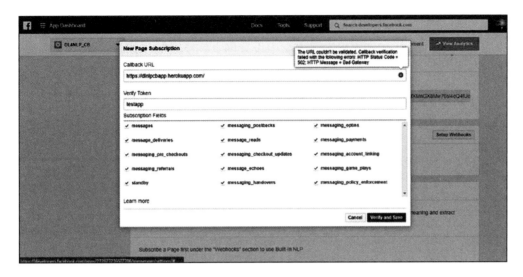

图 4-19　错误："Callback Verification failed"

"Callback URL"框中显示的 URL 就是 Heroku 应用程序的 URL。

成功配置网页钩子后，将进入显示完成消息的另一个屏幕（如图 4-20 所示）。

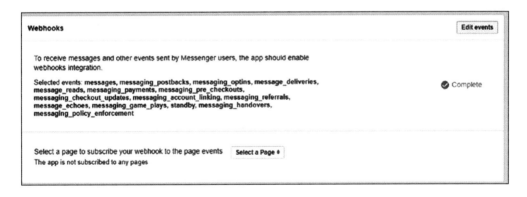

图 4-20　网页钩子的成功配置

配置完你的网页钩子后，选择所需的 Facebook 页面，然后单击"Subscibe"（如图 4-21 所示）。

现在再回到 Heroku 应用程序中。在"Settings"选项卡下，找到"config variable

option"。你必须设置两个变量:PAGE_ACCESS_TOKEN(从前面的步骤中得到)和 VERIFY_TOKEN(从在应用程序仪表盘中设置网页钩子时的步骤中得到)。除了前面两个参数之外,还可以从"App"页面的"Basic Settings"中获取应用程序的 ID 和秘密令牌(App Secret)(如图 4-22 所示)。这两项也必须在 Heroku 配置参数中设置(单击"show"按钮可获取应用程序秘密令牌)。

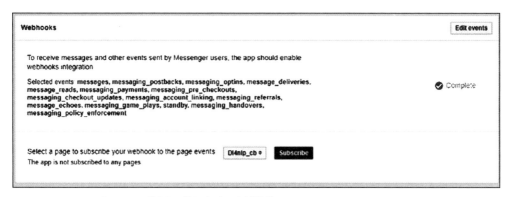

图 4-21  将网页钩子订阅到所需的 Facebook 页面 Dl4nlp_cb

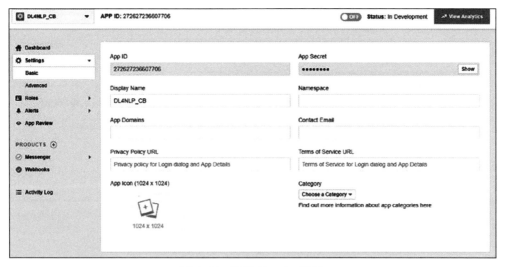

图 4-22  配置 Heroku 设置

接着,打开 Heroku 应用程序中的"Settings"选项卡,将 App ID 设置为 api_key,APP Secret 设置为 api_secret,并设置 PAGE_ACCESS_TOKEN 和 VERIFY_TOKEN

（如图 4-23 所示）。

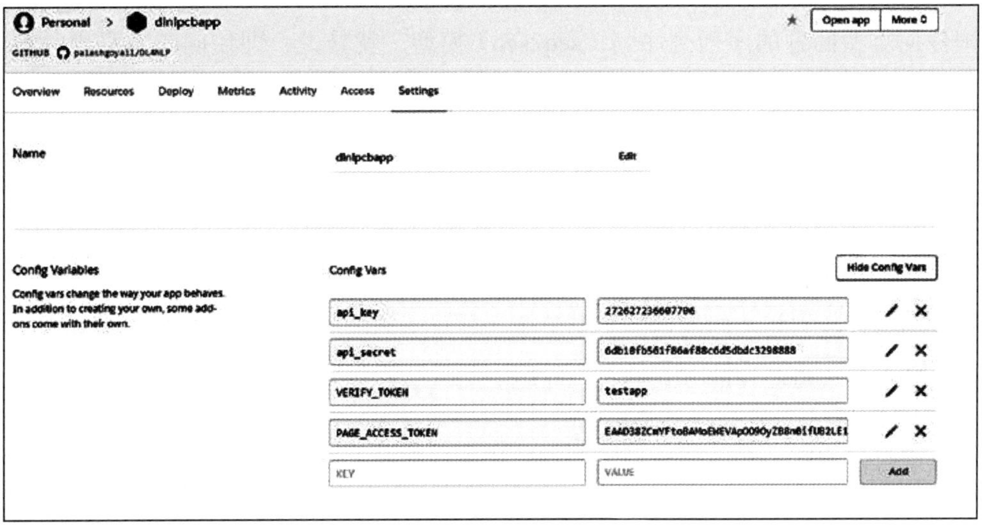

图 4-23　在 Heroku 设置中添加配置变量

保存配置参数后，转到 Heroku 上的"Deploy"选项卡，向下滚动到"Manual Deploy"部分，然后单击"Deploy Branch"按钮。这将部署从存储库中所选的当前分支，并执行必要的编译过程。请检查"Logs"部分，确保没有错误发生。

最后，转到创建的 Facebook 页面，然后单击"Message"按钮，这个按钮靠近页面顶部附近的"Like"按钮。这时应该会弹开一个消息面板，其中包含你的页面的消息框。请开始与你定制的聊天机器人聊天（如图 4-24 所示）！

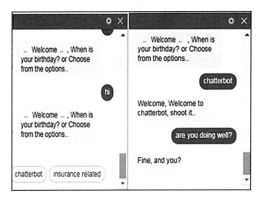

图 4-24　请享受与聊天机器人的对话！

## 4.3　聊天机器人：自动文本生成

在上一节中，我们使用不同的平台和库构建了一个简单的对话型聊天机器人，但它只能处理固定的问题集。如果我们能够建立一个能够学习人类之间的现有对话的机器人，那该怎么办？这是自然语言生成派上用场的地方。我们将创建一个可以处理任何类型问题的序列到序列（seq2seq）模型，就是说，即使问题本身由一些随机单词组成，也可以由该模型处理。当然，该模型给出的答案在语法和语境上是否正确又是一个完全不同的问题，这将取决于多种因素，例如训练数据集的大小和质量。

本节中，我们将尝试构建一个模型，该模型接受一组问题和答案作为输入，并在被问及与输入数据相关的问题时预测答案。如果所问的问题与用于训练模型的问题集匹配，则以最大可能性的方式回答该问题。

我们将使用序列到序列模型来处理所描述的问题，所使用的数据集由保险领域客户服务站记录的问题和答案组成。该数据集是从网站 www.insurancelibrary.com/ 收集的，并且是保险业中首次发布的此类问答语料库。这些问题属于客户就保险公司提供的多种服务和产品提出的一系列咨询，而答案由对保险业有深入了解的专业人士提供。

用于训练的数据集来自目前在 https://github.com/palashgoyal1/InsuranceQnA 上托管的 https://github.com/shuzi/insuranceQA，另外包括用于问题、答案和词汇表的文件。这些数据集被用于"深度学习应用于答案选择方面的研究和开放任务"（https://arxiv.org/pdf/1508.01585v2.pdf）论文中。这个论文由 IBM 公司的几位研究者撰写，他们使用了具备多种变化的 CNN 框架。在所有变化中，他们使模型学习给定问题及其对应答案的词嵌入向量，然后使用余弦距离作为相似度标准来测量匹配度。

图 4-25 是上述论文中演示的多种体系结构的快照。对于体系结构 II、III 和 IV，问题和答案端在隐藏层和 CNN 层共享相同的权重。$CNN_Q$ 层和 $CNN_A$ 层分别用于提取问答端的特征。

GitHub 存储库中的原始数据集包含了问题的训练集、验证集和测试集的组合。我们已经组合了给定的问题和答案，并且已经在为建模目的而做出最后的 QA 选择之前完成了一些处理步骤。此外，已经利用一组序列到序列模型，针对用户咨询的问题生成相应的答案。如果训练采用了合适的模型以及足够的迭代次数，这个模型也能回答之前没见过的问题。

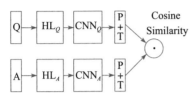

Architecture Ⅰ Q for question;A for answer;P is
1-MaxPooling;T is tanh layer; HL for hidden layer and
HL already includes tanh as its activation function.

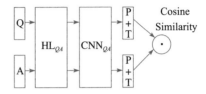

Architecture Ⅱ QA means the weights of
corresponding layer are shared by Q and A.

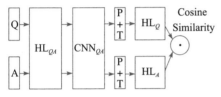

Architecture Ⅲ HL for hidden layer.
Add another $HL_Q$ and $HL_A$ after $CNN_{QA}$.

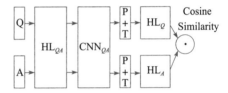

Architecture Ⅳ Add another shared
hidden layer $HL_{QA}$ after $CNN_{QA}$.

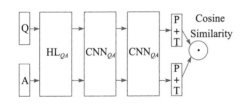

Architecture Ⅴ Two shared $CNN_{QA}$.

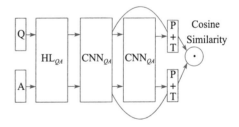

Architecture Ⅵ Two shared $CNN_{QA}$.Two cost functions.

图 4-25　研究论文中使用的架构

为了准备模型用到的数据，我们做了一些改变，并完成了对初始给定数据集的选择。之后，我们利用全部数据集的词汇表，以及问题和答案中所用到的单词标记，以一种用英语可理解的格式，来创建问题与其对应答案之间的完美组合。

> 注释　在开始执行代码之前，请先确定只安装了 TensorFlow 版本 1.0.0 且没有其他版本，这是因为 TensorFlow 的后续更新版本已经发生改变。

以相应的编码格式导入所需的包和数据集。

```
import pandas as pd
import numpy as np
import tensorflow as tf
import re
import time
tf.__version__
```

> '1.0.0'

```
# Make sure the vocabulary.txt file and the encoded datasets
for Question and Answer are present in the same folder
# reading vocabulary
lines = open('vocabulary.txt', encoding='utf-8',
errors='ignore').read().split('\n')
# reading questions
conv_lines = open('InsuranceQAquestionanslabelraw.encoded',
encoding='utf-8', errors='ignore').read().split('\n')
# reading answers
conv_lines1 = open('InsuranceQAlabel2answerraw.encoded',
encoding='utf-8', errors='ignore').read().split('\n')
# The print command shows the token value associated with each
of the words in the 3 datasets
print(" -- Vocabulary -- ")
print(lines[:2])
```

> -- Vocabulary -
> ['idx_17904\trating/result', 'idx_14300\tconsidered,']

```
print(" -- Questions -- ")
print(conv_lines[:2])
```

> -- Questions -
> ['medicare-insurance\tidx_1285 idx_1010 idx_467 idx_47610 idx_18488 idx_65760\t16696', 'long-term-care-insurance\ tidx_3815 idx_604 idx_605 idx_891 idx_136 idx_5293 idx_65761\ t10277']

```
print(" -- Answers -- ")
print(conv_lines1[:2])
```

> -- Answers -
> ['1\tidx_1 idx_2 idx_3 idx_4 idx_5 idx_6 idx_7 idx_8 idx_9 idx_10 idx_11 idx_12 idx_13 idx_14 idx_3 idx_12 idx_15 idx_16

```
idx_17 idx_8 idx_18 idx_19 idx_20 idx_21 idx_3 idx_12 idx_14
idx_22 idx_20 idx_23 idx_24 idx_25 idx_26 idx_27 idx_28 idx_29
idx_8 idx_30 idx_19 idx_11 idx_4 idx_31 idx_32 idx_22 idx_33
idx_34 idx_35 idx_36 idx_37 idx_30 idx_38 idx_39 idx_11 idx_40
idx_41 idx_42 idx_43 idx_44 idx_22 idx_45 idx_46 ...
```

在接下来的几行中，我们依据分配给问题和答案的 ID，将问题与其对应的答案组合起来。

```
id2line = {}
for line in vocab_lines:
    _line = line.split('\t')
    if len(_line) == 2:
        id2line[_line[0]] = _line[1]
# Creating the word tokens for both questions and answers,
along with the mapping of the answers enlisted for questions
convs, ansid = [], []
for line in question_lines[:-1]:
    _line = line.split('\t')
    ansid.append(_line[2].split(' '))
    convs.append(_line[1])

convs1 = [ ]
for line in answer_lines[:-1]:
    _line = line.split('\t')
    convs1.append(_line[1])

print(convs[:2])    # word tokens present in the question
> ['idx_1285 idx_1010 idx_467 idx_47610 idx_18488 idx_65760',
 'idx_3815 idx_604 idx_605 idx_891 idx_136 idx_5293 idx_65761']

print(ansid[:2])    # answers IDs mapped to the questions
> [['16696'], ['10277']]

print(convs1[:2])    # word tokens present in the answer
> ['idx_1 idx_2 idx_3 idx_4 idx_5 idx_6 idx_7 idx_8 idx_9
idx_10 idx_11 idx_12 idx_13 idx_14 idx_3 idx_12 idx_15 idx_16
idx_17 idx_8 idx_18 idx_19 idx_20 idx_21 ...

# Creating matching pair between questions and answers on the
basis of the ID allocated to each.
questions, answers = [], []
for a in range(len(ansid)):
    for b in range(len(ansid[a])):
```

```
            questions.append(convs[a])
for a in range(len(ansid)):
    for b in range(len(ansid[a])):
        answers.append(convs1[int(ansid[a][b])-1])
ques, ans  =[], []
m=0
while m<len(questions):
     i=0
     a=[]
     while i < (len(questions[m].split(' '))):
         a.append(id2line[questions[m].split(' ')[i]])
         i=i+1
     ques.append(' '.join(a))
     m=m+1

n=0
while n<len(answers):
      j=0
      b=[]
      while j < (len(answers[n].split(' '))):
          b.append(id2line[answers[n].split(' ')[j]])
          j=j+1
      ans.append(' '.join(b))
      n=n+1
```

如下所示，保险领域问答数据集中的前五个问题将输出客户所提问题的类型以及专业人员所给的对应答案。在本练习结束时，我们的模型会尝试以与所提问题相似的方式提供答案。

```
# Printing top 5 questions along with their answers
limit = 0
for i in range(limit, limit+5):
    print(ques[i])
    print(ans[i])
    print("---")
```

> What Does Medicare IME Stand For?
According to the Centers for Medicare and Medicaid Services
website, cms.gov, IME stands for Indirect Medical Education and
is in regards to payment calculation adjustments for a Medicare
discharge of higher cost patients receiving care from teaching
hospitals relative to non-teaching hospitals. I would recommend

contacting CMS to get more information about IME
---
> Is Long Term Care Insurance Tax Free?
As a rule, if you buy a tax qualified long term care insurance
policy (as nearly all are, these days), and if you are paying
the premium yourself, there are tax advantages you will
receive. If you are self employed, the entire premium is tax
deductible. If working somewhere but paying your own premium
for an individual or group policy, you can deduct the premium
as a medical expense under the same IRS rules as apply to all
medical expenses. In both situations, you also receive the
benefits from the policy tax free, if they are ever needed.
---
> Can Husband Drop Wife From Health Insurance?
Can a spouse drop another spouse from health insurance? Usually
not without the spouse's who is being dropped consent in
writting. Most employers who have a quality HR department will
require a paper trial for any changes in an employee's benefit
plan. When changes are attempted that could come back to haunt
the employer, steps are usually taken to comfirm something like
this.
---
> Is Medicare Run By The Government?
Medicare Part A and Part B is provided by the Federal
government for Americans who are 65 and older who have worked
and paid Social Security taxes into the system. Medicare is
also available to people under the age of 65 that have certain
disabilities and people with End-Stage Renal Disease (ESRD).
---
> Is Medicare Run By The Government?
Definitely. It is ran by the Center for Medicare and Medicaid
Services, a Government Agency given the responsibility of
overseeing and administering Medicare and Medicaid. Even Medicare
Advantage Plans, which are administered by private insurance
companies are strongly regulated by CMMS. They work along with
Social Security and Jobs and Family Services to insure that your
benefits are available and properly administered.
---

虽然上面例子中的第四和第五个问题是相同的，但它们有不同的答案，这取决于有多少专业人士回答过这个问题。

```
# Checking the count of the total number of questions and
answers
print(len(questions))
> 27987
print(len(answers))
> 27987
```

通过用实际的扩展单词替换单词的缩写来创建一个文本清理函数，以便稍后可以用单词的实际标记来替换这些单词。

```
def clean_text(text):
    """Cleaning the text by replacing the abbreviated words
    with their proper full replacement, and converting all the
    characters to lower case"""
    text = text.lower()
    text = re.sub(r"i'm", "i am", text)
    text = re.sub(r"he's", "he is", text)
    text = re.sub(r"she's", "she is", text)
    text = re.sub(r"it's", "it is", text)
    text = re.sub(r"that's", "that is", text)
    text = re.sub(r"what's", "that is", text)
    text = re.sub(r"where's", "where is", text)
    text = re.sub(r"how's", "how is", text)
    text = re.sub(r"\'ll", " will", text)
    text = re.sub(r"\'ve", " have", text)
    text = re.sub(r"\'re", " are", text)
    text = re.sub(r"\'d", " would", text)
    text = re.sub(r"\'re", " are", text)
    text = re.sub(r"won't", "will not", text)
    text = re.sub(r"can't", "cannot", text)
    text = re.sub(r"n't", " not", text)
    text = re.sub(r"n'", "ng", text)
    text = re.sub(r"'bout", "about", text)
    text = re.sub(r"'til", "until", text)
    text = re.sub(r"[-()\"#/@;:<>{}`+=~|.!?,']", "", text)
    return text

# Applying the 'clean_text()' function on the set of Questions
and Answers
clean_questions = []
```

```
for question in ques:
    clean_questions.append(clean_text(question))
clean_answers = []
for answer in ans:
    clean_answers.append(clean_text(answer))
```

在对问题和答案都执行完清理操作后,请查看数据集是如何出现的。这个清理后的数据集将作为输入提供给我们的模型,以便保证模型的输入在结构与格式上都是一致的:

```
limit = 0
for i in range(limit, limit+5):
    print(clean_questions[i])
    print(clean_answers[i])
    print()
```

> what does medicare ime stand for
according to the centers for medicare and medicaid services
website cmsgov ime stands for indirect medical education and is
in regards to payment calculation adjustments for a medicare
discharge of higher cost patients receiving care from teaching
hospitals relative to nonteaching hospitals i would recommend
contacting cms to get more information about ime
----
> is long term care insurance tax free
as a rule if you buy a tax qualified long term care insurance
policy as nearly all are these days and if you are paying the
premium yourself there are tax advantages you will receive if
you are self employed the entire premium is tax deductible if
working somewhere but paying your own premium for an individual
or group policy you can deduct the premium as a medical expense
under the same irs rules as apply to all medical expenses in
both situations you also receive the benefits from the policy
tax free if they are ever needed
----
> can husband drop wife from health insurance
can a spouse drop another spouse from health insurance usually
not without the spouses who is being dropped consent in
writting most employers who have a quality hr department will
require a paper trial for any changes in an employees benefit
plan when changes are attempted that could come back to haunt

```
the employer steps are usually taken to comfirm something like
this
----
> is medicare run by the government
medicare part a and part b is provided by the federal
government for americans who are 65 and older who have worked
and paid social security taxes into the system medicare is
also available to people under the age of 65 that have certain
disabilities and people with endstage renal disease esrd
----
> is medicare run by the government
definitely it is ran by the center for medicare and medicaid
services a government agency given the responsibility of
overseeing and administering medicare and medicaid even medicare
advantage plans which are administered by private insurance
companies are strongly regulated by cmms they work along with
social security and jobs and family services to insure that
your benefits are available and properly administered
----
```

接下来，依据两者中的单词数量，并通过检查不同间隔的百分比，分析问题和答案。

```
lengths.describe(percentiles=[0,0.25,0.5,0.75,0.85,0.9,0.95,0.99])

>            counts
     count   55974.000000
     mean    54.176725
std          67.638972
min          2.000000
0%           2.000000
25%          7.000000
50%          30.000000
75%          78.000000
85%          103.000000
90%          126.000000
95%          173.000000
99%          314.000000
max          1176.000000
```

由于提供给模型的数据需要有对所提问题的完整答案，而不是不完整的答案，因此我们必须确保为模型训练所选择的问答组合拥有足够数量的单词同时出现在问题和答案中，从而对字数给出最小值界限。同时，我们希望模型能够为问题提供简明扼要的答案，因此我们也在问题和答案中对单词数量设置了最大上限。

在这里，仅列出最少 2 个单词和最多 100 个单词的文本。

```
# Remove questions and answers that are shorter than 1 words
and longer than 100 words.
min_line_length, max_line_length = 2, 100

# Filter out the questions that are too short/long
short_questions_temp, short_answers_temp = [], []
i = 0
for question in clean_questions:
    if len(question.split()) >= min_line_length and
    len(question.split()) <= max_line_length:
        short_questions_temp.append(question)
        short_answers_temp.append(clean_answers[i])
    i += 1

# Filter out the answers that are too short/long
short_questions, short_answers = [], []
i = 0
for answer in short_answers_temp:
    if len(answer.split()) >= min_line_length and len(answer.
    split()) <= max_line_length:
        short_answers.append(answer)
        short_questions.append(short_questions_temp[i])
    i += 1
```

完成上述选择后的数据集统计信息如下：

```
print("# of questions:", len(short_questions))
> # of questions: 19108
print("# of answers:", len(short_answers))
> # of answers: 19108
print("% of data used: {}%".format(round(len(short_questions)/
len(questions),4)*100))
> % of data used: 68.27%
```

直接将文本输入模型的方法所带来的问题是模型不能处理可变长度序列，紧接着的一个大问题是词汇量大小。对于输出中的每个单词，解码器必须在大词汇量（例如，20 000 个单词）上运行 softmax 函数。这将导致训练过程变慢。那么，我们该如何处理这个问题呢？答案是填充。

填充是一种将可变长度序列转换为固定长度序列的方法。假设想把句子" How are you？"变为固定长度（比如 10），在应用填充方法后，这个句子被转换为 [PAD, PAD, PAD, PAD, PAD, PAD, "?", "you", "are", "How" ]。

```
def pad_sentence_batch(sentence_batch, vocab_to_int):
    """Including <PAD> token in sentence to make all batches of
    same length"""
    max_sentence = max([len(sentence) for sentence in sentence_
      batch])
    return [sentence + [vocab_to_int['<PAD>']] * (max_
      sentence - len(sentence)) for sentence in sentence_batch]
```

以下代码将对新形成的训练数据集的词汇表中的单词进行映射，并为每个单词分配频率标记。

```
# Create a dictionary for the frequency of the vocabulary
vocab = {}
for question in short_questions:
    for word in question.split():
        if word not in vocab:
            vocab[word] = 1
        else:
            vocab[word] += 1
for answer in short_answers:
    for word in answer.split():
        if word not in vocab:
            vocab[word] = 1
        else:
            vocab[word] += 1
```

与第 2 章中完成的操作一样，我们将删除训练数据集中频率较低的单词，这是因为这些单词不会向模型中引入任何重要信息。

```
# Remove rare words from the vocabulary.
threshold = 1
count = 0
```

```
for k,v in vocab.items():
    if v >= threshold:
        count += 1
print("Size of total vocab:", len(vocab))
> Size of total vocab: 18983

print("Size of vocab we will use:", count)
> Size of vocab we will use: 18983

# Create dictionaries to provide a unique integer for each
word.
questions_vocab_to_int = {}

word_num = 0
for word, count in vocab.items():
    if count >= threshold:
        questions_vocab_to_int[word] = word_num
        word_num += 1

answers_vocab_to_int = {}

word_num = 0
for word, count in vocab.items():
    if count >= threshold:
        answers_vocab_to_int[word] = word_num
        word_num += 1
```

由于解码器可以生成多个单词或自定义符号，因此必须将新标记添加到训练数据集的当前词汇表中，并把这些标记也包括进当前字典中。关于四种标记的基本信息如下：

- GO：与 <start> 开始标记相同。它是第一个提供给解码器的标记，与思想向量一起，开始为答案产生标记。
- EOS：意思是"句尾"，与表示句子结尾或答案已产生的 <end> 结束标记相同。我们不能使用标点符号代替它，因为标点符号对于上下文有着完全不同的含义。一旦解码器生成 EOS 标记，就表示答案已产生。
- UNK："未知"标记。如果没有对出现频率最小的单词进行额外的检查/短文本替换，这一标记就用于替换词汇表中频率太低的单词。例如，输入句子"Insurance is highly criticalll1090"会被转换为"Insurance is highly <UNK>"。

- PAD：由于训练数据是以相同长度进行批量处理，并且同一批次中的所有序列也具有相同的长度，因此将在输入句子的任一端用 PAD 标记进行填充。例如，在允许最大长度的情况下，输入句子"Insurance is highly criticalll1090"将被转换为"Insurance is highly criticalll1090 <PAD> <PAD> <PAD> <PAD>"。

图 4-26 显示在模型响应中用户自定义标记的用法（来源：http://colah.github.io/）。后面是添加这些标记的代码。

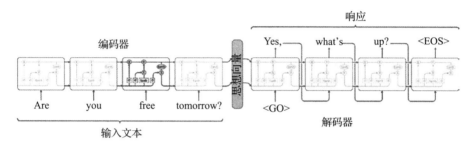

图 4-26　使用标记的编码器 – 解码器示例

```
# Adding unique tokens to the present vocabulary
codes = ['<PAD>','<EOS>','<UNK>','<GO>']

for code in codes:
    questions_vocab_to_int[code] = len(questions_vocab_to_
    int)+1

for code in codes:
    answers_vocab_to_int[code] = len(answers_vocab_to_int)+1

# Creating dictionary so as to map the integers to their
respective words, inverse of vocab_to_int
questions_int_to_vocab = {v_i: v for v, v_i in
questions_vocab_to_int.items()}
answers_int_to_vocab = {v_i: v for v, v_i in
answers_vocab_to_int.items()}

print(len(questions_vocab_to_int))
> 18987

print(len(questions_int_to_vocab))
> 18987
print(len(answers_vocab_to_int))
> 18987
```

```
print(len(answers_int_to_vocab))
> 18987
```

我们尝试减少有效词汇表大小，方法是简单地将它限制在一个小数字范围内，并用 UNK 标记替换词汇表外的单词，以便加快训练和测试步骤。现在，训练和测试时间都可以显著减少，但显然这还不够理想，因为仍可能会生成包含大量 UNK 的输出。只是现在我们通过确保这些标记所占的百分比足够低，使得我们不会面对任何严重的问题。

此外，在将数据输入模型之前，必须将句子中的每个单词转换为唯一的整数。这可以通过构造一个由所有单词组成的词汇表并为它们分配唯一的数字（单热编码向量）来完成。

```
# Convert the text to integers, and replacing any of the words
not present in the respective vocabulary with <UNK> token
questions_int = []
for question in short_questions:
    ints = []
    for word in question.split():
        if word not in questions_vocab_to_int:
            ints.append(questions_vocab_to_int['<UNK>'])
        else:
            ints.append(questions_vocab_to_int[word])
    questions_int.append(ints)

answers_int = []
for answer in short_answers:
    ints = []
for word in answer.split():
    if word not in answers_vocab_to_int:
        ints.append(answers_vocab_to_int['<UNK>'])
    else:
        ints.append(answers_vocab_to_int[word])
answers_int.append(ints)
```

可以进一步检查被替换为 <UNK> 标记的单词数量。由于已经在预处理步骤中去除了词汇表中的低频单词，因此没有单词将被 <UNK> 标记代替。但是，建议将它们包含在通用脚本中。

```
# Calculate what percentage of all words have been replaced
with <UNK>
word_count = 0
unk_count = 0

for question in questions_int:
    for word in question:
        if word == questions_vocab_to_int["<UNK>"]:
            unk_count += 1
        word_count += 1

for answer in answers_int:
    for word in answer:
        if word == answers_vocab_to_int["<UNK>"]:
            unk_count += 1
        word_count += 1

unk_ratio = round(unk_count/word_count,4)*100

print("Total number of words:", word_count)
> Total number of words: 1450824
print("Number of times <UNK> is used:", unk_count)
> Number of times <UNK> is used: 0
print("Percent of words that are <UNK>: {}%".format(round(unk_
ratio,3)))
> Percent of words that are <UNK>: 0.0%
```

根据问题中的单词数量,创建问题和答案的有序集合。以这种方式排序文本将有助于稍后将使用的填充方法。

```
# Next, sorting the questions and answers on basis of the
  length of the questions.
# This exercise will reduce the amount of padding being done
  during the training process.
# This will speed up the training process and reduce the
  training loss.

sorted_questions = []
short_questions1 = []
sorted_answers = []
short_answers1= []

for length in range(1, max_line_length+1):
```

```
    for i in enumerate(questions_int):
        if len(i[1]) == length:
            sorted_questions.append(questions_int[i[0]])
            short_questions1.append(short_questions[i[0]])
            sorted_answers.append(answers_int[i[0]])
            short_answers1.append(short_answers[i[0]])
print(len(sorted_questions))
> 19108
print(len(sorted_answers))
> 19108
print(len(short_questions1))
> 19108
print(len(short_answers1))
> 19108
print()

for i in range(3):
    print(sorted_questions[i])
    print(sorted_answers[i])
    print(short_questions1[i])
    print(short_answers1[i])
    print()
> [219, 13]
[219, 13, 58, 2310, 3636, 1384, 3365... ]
why can
why can a simple question but yet so complex why can someone
do this or why can someone do that i have often pondered for
hours to come up with the answer and i believe after years of
thoughtprovoking consultation with friends and relativesi have
the answer to the question why can the answer why not

[133, 479, 56]
[242, 4123, 3646, 282, 306, 56, ... ]
who governs annuities
if youre asking about all annuities then here are two governing
bodies for variable annuities finra and the department of
insurance variable products like variable annuities are registered
products and come under the oversight of finras jurisdiction but
because it is an annuity insurance product as well it falls under
the department of insurance non finra annuities are governed by
the department of insurance in each state
```

```
[0, 201, 56]
[29, 202, 6, 29, 10, 3602, 58, 36, ... ]
what are annuities
an annuity is an insurance product a life insurance policy
protects you from dying too soon an annuity protects you from
living too long annuities are complex basically in exchange for
a sum of money either immediate or in installments the company
will pay the annuitant a specific amount normally monthly for
the life of the annuitant there are many modifications of this
basic form annuities are taxed differently from other programs
```

从排序好的问题和答案配对中随机检查一对问题和答案。

```
print(sorted_questions[1547])
> [37, 6, 36, 10, 466]

print(short_questions1[1547])
> how is life insurance used

print(sorted_answers[1547])
> [8, 36, 10, 6, 466, 26, 626, 58, 199, 200, 1130, 58, 3512,
31, 105, 208, 601, 10, 6, 466, 26, 626, ...

print(short_answers1[1547])
> term life insurance is used to provide a death benefit
during a specified period of time permanent insurance is used
to provide a death benefit at any time the policy is in force
in order to accomplish this and have level premiums policies
accumulate extra funds these funds are designed to allow the
policy to meet its lifelong obligations however these funds
accumulate tax free and give the policy the potential of
solving many problems from funding education to providing long
term care
```

现在是时候定义 seq2seq 模型将用到的辅助函数。其中一些函数来自 GitHub 代码库（https://github.com/Currie32/Chatbot-from-Movie-Dialogue），该库包含类似的应用程序。

下面定义为模型的输入创建占位符的函数。

```
def model_inputs():
    input_data = tf.placeholder(tf.int32, [None, None],
```

```
                name='input')
    targets = tf.placeholder(tf.int32, [None, None],
                name='targets')
    lr = tf.placeholder(tf.float32, name='learning_rate')
    keep_prob = tf.placeholder(tf.float32, name='keep_prob')
    return input_data, targets, lr, keep_prob
```

删除每个批次中最后一个单词 ID，并在每个批次的开头追加 <GO> 标记。

```
ending = tf.strided_slice(target_data, [0, 0],
[batch_size, -1], [1, 1])
dec_input = tf.concat([tf.fill([batch_size, 1], vocab_to_
int['<GO>']), ending], 1)

return dec_input
```

正常的循环神经网络（RNN）会考虑过去的状态（将它们保存在内存中），但是如果你想以某种方式将未来的状态也包含进上下文中，该怎么办？通过使用双向 RNN，我们可以将两个相反方向的隐藏层连接到同一个输出层。通过这种结构，输出层可以从过去和未来的状态中获取信息。

因此，我们使用 LSTM 神经元和双向编码器来定义 seq2seq 模型的编码层。编码器层的状态（即权重）被当作解码层的输入。

```
def encoding_layer(rnn_inputs, rnn_size, num_layers, keep_prob,
sequence_length):
    lstm = tf.contrib.rnn.BasicLSTMCell(rnn_size)
    drop = tf.contrib.rnn.DropoutWrapper(lstm, input_keep_prob
    = keep_prob)
    enc_cell = tf.contrib.rnn.MultiRNNCell([drop] * num_layers)
    _, enc_state = tf.nn.bidirectional_dynamic_rnn(cell_fw =
    enc_cell, cell_bw = enc_cell, sequence_length = sequence_
    length, inputs = rnn_inputs, dtype=tf.float32)
    return enc_state
```

第 3 章中所介绍的注意力机制已经有人使用过，它可以显著地减少产生的损失。注意力状态被设置为 0，可以最大化模型的性能。同时，对于注意力机制而言，可以使用成本更低的 Bahdanau 注意力。请参阅文章"基于注意力的神经机器翻译的有效方法"（https://arxiv.org/pdf/1508.04025.pdf），该文对 Luong 和 Bahdanau 注意力技术进行了比较。

```
def decoding_layer_train(encoder_state, dec_cell, dec_embed_
input, sequence_length, decoding_scope, output_fn, keep_prob,
batch_size):

    attention_states = tf.zeros([batch_size, 1, dec_cell.
    output_size])

    att_keys, att_vals, att_score_fn, att_construct_fn =
    tf.contrib.seq2seq.prepare_attention(attention_states,
    attention_option="bahdanau", num_units=dec_cell.output_size)
    train_decoder_fn = tf.contrib.seq2seq.attention_decoder_fn_
    train(encoder_state[0], att_keys, att_vals,  att_score_fn,
    att_construct_fn,  name = "attn_dec_train")

    train_pred, _, _ = tf.contrib.seq2seq.dynamic_rnn_
    decoder(dec_cell, train_decoder_fn,  dec_embed_input,
    sequence_length, scope=decoding_scope)
    train_pred_drop = tf.nn.dropout(train_pred, keep_prob)

    return output_fn(train_pred_drop)
```

decoding_layer_infer() 函数为所查询的问题创建合适的回复。该函数利用其他注意力参数来预测答案中的单词，并且不像在最终得分阶段那样与任何丢弃联系在一起。这里，在生成答案时，不考虑丢弃，以便利用网络中存在的所有神经元。

```
def decoding_layer_infer(encoder_state, dec_cell, dec_
embeddings, start_of_sequence_id, end_of_sequence_id,
                    maximum_length, vocab_size, decoding_
                    scope, output_fn, keep_prob, batch_
                    size):

    attention_states = tf.zeros([batch_size, 1, dec_cell.
    output_size])

    att_keys, att_vals, att_score_fn, att_construct_fn =
    tf.contrib.seq2seq.prepare_attention(attention_states,
    attention_option="bahdanau", num_units=dec_cell.output_
    size)
    infer_decoder_fn = tf.contrib.seq2seq.attention_decoder_
    fn_inference(output_fn, encoder_state[0],  att_keys, att_
    vals,  att_score_fn, att_construct_fn,
```

```
                    dec_embeddings, start_of_sequence_id,
                    end_of_sequence_id, maximum_length,
                    vocab_size, name = "attn_dec_inf")
infer_logits, _, _ = tf.contrib.seq2seq.dynamic_rnn_
decoder(dec_cell, infer_decoder_fn, scope=decoding_scope)

return infer_logits
```

decoding_layer() 函数创建推理和训练分对数（logits），并使用给定的标准方差通过截断的正态分布来初始化权重和偏差。

```
def decoding_layer(dec_embed_input, dec_embeddings, encoder_
state, vocab_size, sequence_length, rnn_size,
                   num_layers, vocab_to_int, keep_prob, batch_
                   size):
    with tf.variable_scope("decoding") as decoding_scope:
        lstm = tf.contrib.rnn.BasicLSTMCell(rnn_size)
        drop = tf.contrib.rnn.DropoutWrapper(lstm, input_keep_
        prob = keep_prob)
        dec_cell = tf.contrib.rnn.MultiRNNCell([drop] * num_
        layers)

        weights = tf.truncated_normal_initializer(stddev=0.1)
        biases = tf.zeros_initializer()
        output_fn = lambda x: tf.contrib.layers.fully_
            connected(x, vocab_size, None,  scope=decoding_scope,
            weights_initializer = weights, biases_initializer =
            biases)
    train_logits = decoding_layer_train(encoder_state,
    dec_cell,  dec_embed_input, sequence_length,  decoding_
    scope, output_fn, keep_prob, batch_size)

    decoding_scope.reuse_variables()
    infer_logits = decoding_layer_infer(encoder_state,
    dec_cell, dec_embeddings, vocab_to_int['<GO>'], vocab_
    to_int['<EOS>'],
                sequence_length - 1, vocab_size,  decoding_
                scope, output_fn, keep_prob, batch_size)

return train_logits, infer_logits
```

seq2seq_model() 函数用于将所有先前定义的函数组合起来，还使用随机均匀分布来初始化词嵌入过程。该函数将被用于最后的流程图中，以计算训练及推理分对数（logits）。

```
def seq2seq_model(input_data, target_data, keep_prob, batch_
size, sequence_length, answers_vocab_size,
                  questions_vocab_size, enc_embedding_size,
                  dec_embedding_size, rnn_size, num_layers,
                  questions_vocab_to_int):
    enc_embed_input = tf.contrib.layers.embed_sequence(input_
    data, answers_vocab_size+1, enc_embedding_size,
    initializer = tf.random_uniform_initializer(0,1))

    enc_state = encoding_layer(enc_embed_input, rnn_size,
    num_layers, keep_prob, sequence_length)

    dec_input = process_encoding_input(target_data,
    questions_vocab_to_int, batch_size)
    dec_embeddings = tf.Variable(tf.random_uniform([questions_
    vocab_size+1, dec_embedding_size], 0, 1))
    dec_embed_input = tf.nn.embedding_lookup(dec_embeddings,
    dec_input)

    train_logits, infer_logits = decoding_layer(dec_embed_
    input, dec_embeddings, enc_state, questions_vocab_size,
                        sequence_length, rnn_size,
                        num_layers, questions_vocab_to_
                        int, keep_prob, batch_size)

    return train_logits, infer_logits
```

当训练实例的总数（N）很大时，可以在一次迭代中使用少量训练实例（B<<N），再由这些训练实例 B 构成多次迭代，从而评估损失函数的梯度，并更新神经网络的参数。

> **注意** 使用一次全部的训练数据需要进行 n(=N/B) 次迭代操作，这就构成了一代（epoch）。因此，参数更新的总次数是 (N/B)*E，其中 E 是 epoch 数。

最后，我们定义了我们的 seq2seq 模型，它将采用编码和解码部分，并同时训练这两部分。现在，设置如下的模型参数并启动会话进行优化。

- Epoch（代）：全部完成一遍整个训练集
- Batch size（批大小）：同时输入的句子数
- Rnn_size（RNN 大小）：隐藏层中的节点数
- Num_layers（层数）：隐藏层个数
- Embedding size（嵌入大小）：嵌入的维度
- Learning rate（学习率）：神经网络为新置信度而丢弃旧置信度的速度有多快
- Keep probability（保持概率）：用于控制丢弃。丢弃是一种防止过拟合的简单技术。它实际上通过将网络层中一些神经元激活设为零，来减少这些神经元的激活。

```
# Setting the model parameters
epochs = 50
batch_size = 64
rnn_size = 512
num_layers = 2
encoding_embedding_size = 512
decoding_embedding_size = 512
learning_rate = 0.005
learning_rate_decay = 0.9
min_learning_rate = 0.0001
keep_probability = 0.75

tf.reset_default_graph()
# Starting the session
sess = tf.InteractiveSession()

# Loading the model inputs
input_data, targets, lr, keep_prob = model_inputs()

# Sequence length is max_line_length for each batch
sequence_length = tf.placeholder_with_default(max_line_length,
None, name='sequence_length')

# Finding shape of the input data for sequence_loss
input_shape = tf.shape(input_data)

# Create the training and inference logits
train_logits, inference_logits = seq2seq_model(
tf.reverse(input_data, [-1]), targets, keep_prob, batch_size,
sequence_length, len(answers_vocab_to_int),
```

```python
    len(questions_vocab_to_int), encoding_embedding_size,
decoding_embedding_size, rnn_size, num_layers, questions_
vocab_to_int)

# Create inference logits tensor
tf.identity(inference_logits, 'logits')

with tf.name_scope("optimization"):
    # Calculating Loss function
    cost = tf.contrib.seq2seq.sequence_loss( train_logits,
    targets, tf.ones([input_shape[0], sequence_length]))

    # Using Adam Optimizer
    optimizer = tf.train.AdamOptimizer(learning_rate)

    # Performing Gradient Clipping to handle the vanishing
    gradient problem
    gradients = optimizer.compute_gradients(cost)
    capped_gradients = [(tf.clip_by_value(grad, -5., 5.), var)
        for grad, var in gradients if grad is not None]
    train_op = optimizer.apply_gradients(capped_gradients)
```

batch_data() 函数帮助为问题和答案创建批次。

```python
def batch_data(questions, answers, batch_size):
    for batch_i in range(0, len(questions)//batch_size):
        start_i = batch_i * batch_size
        questions_batch = questions[start_i:start_i + batch_
        size]
answers_batch = answers[start_i:start_i + batch_size]
pad_questions_batch = np.array(pad_sentence_
batch(questions_batch, questions_vocab_to_int))
pad_answers_batch = np.array(pad_sentence_
batch(answers_batch, answers_vocab_to_int))
yield pad_questions_batch, pad_answers_batch
```

保留总数据集的 15% 用于验证，剩下 85% 用于训练模型。

```python
# Creating train and validation datasets for both questions and
answers, with 15% to validation
train_valid_split = int(len(sorted_questions)*0.15)

train_questions = sorted_questions[train_valid_split:]
train_answers = sorted_answers[train_valid_split:]
```

```
valid_questions = sorted_questions[:train_valid_split]
valid_answers = sorted_answers[:train_valid_split]
print(len(train_questions))
print(len(valid_questions))
```

设置训练参数并初始化声明的变量。

```
display_step = 20           # Check training loss after every 20
                            batches

stop_early = 0

stop = 5                    # If the validation loss decreases after
                            5 consecutive checks, stop training

validation_check = ((len(train_questions))//batch_size//2)-
1           # Counter for checking validation loss

total_train_loss = 0        # Record the training loss for each
                            display step
summary_valid_loss = []     # Record the validation loss for
                            saving improvements in the model

checkpoint= "./best_model.ckpt"    # creating the checkpoint
                                   file in the current
                                   directory

sess.run(tf.global_variables_initializer())
```

训练模型。

```
for epoch_i in range(1, epochs+1):
    for batch_i, (questions_batch, answers_batch) in enumerate(
            batch_data(train_questions, train_answers, batch_
            size)):
        start_time = time.time()
        _, loss = sess.run(
            [train_op, cost],
            {input_data: questions_batch, targets: answers_
            batch,  lr: learning_rate,
             sequence_length: answers_batch.shape[1], keep_
            prob: keep_probability})

        total_train_loss += loss
        end_time = time.time()
        batch_time = end_time - start_time
```

```
            if batch_i % display_step == 0:
                print('Epoch {:>3}/{} Batch {:>4}/{} - Loss:
                {:>6.3f}, Seconds: {:>4.2f}'
                      .format(epoch_i, epochs, batch_i,
                              len(train_questions) // batch_size,
                              total_train_loss / display_step,
                              batch_time*display_step))
                total_train_loss = 0
    if batch_i % validation_check == 0 and batch_i > 0:
        total_valid_loss = 0
        start_time = time.time()
        for batch_ii, (questions_batch, answers_batch)
        in enumerate(batch_data(valid_questions, valid_
        answers, batch_size)):
            valid_loss = sess.run(
            cost, {input_data: questions_batch, targets:
            answers_batch, lr: learning_rate,
                sequence_length: answers_batch.shape[1],
                keep_prob: 1})
            total_valid_loss += valid_loss
        end_time = time.time()
        batch_time = end_time - start_time
        avg_valid_loss = total_valid_loss / (len(valid_
        questions) / batch_size)
        print('Valid Loss: {:>6.3f}, Seconds: {:>5.2f}'.
        format(avg_valid_loss, batch_time))

        # Reduce learning rate, but not below its minimum
        value
        learning_rate *= learning_rate_decay
        if learning_rate < min_learning_rate:
            learning_rate = min_learning_rate

        summary_valid_loss.append(avg_valid_loss)
        if avg_valid_loss <= min(summary_valid_loss):
            print('New Record!')
            stop_early = 0
            saver = tf.train.Saver()
            saver.save(sess, checkpoint)
                else:
                    print("No Improvement.")
                    stop_early += 1
                    if stop_early == stop:
```

```
                    break
    if stop_early == stop:
        print("Stopping Training.")
        break
> Epoch    1/50 Batch     0/253 - Loss:  0.494, Seconds: 1060.06
> Epoch    1/50 Batch    20/253 - Loss:  8.450, Seconds:  905.71
> Epoch    1/50 Batch    40/253 - Loss:  4.540, Seconds:  933.88
> Epoch    1/50 Batch    60/253 - Loss:  4.401, Seconds:  740.15
> Epoch    1/50 Batch    80/253 - Loss:  4.453, Seconds:  831.04
> Epoch    1/50 Batch   100/253 - Loss:  4.338, Seconds:  774.67
> Epoch    1/50 Batch   120/253 - Loss:  4.295, Seconds:  832.49
Valid Loss:  4.091, Seconds: 675.05
New Record!
> Epoch    1/50 Batch   140/253 - Loss:  4.255, Seconds:  822.40
> Epoch    1/50 Batch   160/253 - Loss:  4.232, Seconds:  888.85
> Epoch    1/50 Batch   180/253 - Loss:  4.168, Seconds:  858.95
> Epoch    1/50 Batch   200/253 - Loss:  4.093, Seconds:  849.23
> Epoch    1/50 Batch   220/253 - Loss:  4.034, Seconds:  846.77
> Epoch    1/50 Batch   240/253 - Loss:  4.005, Seconds:  809.77
Valid Loss:  3.903, Seconds: 509.83
New Record!
...
...
...
...
```

定义 question_to_seq() 函数以便从用户那里获取输入问题，或从数据集中选择一个随机问题并将其转换为模型所用的整数格式。

```
def question_to_seq(question, vocab_to_int):
    """Creating the question to be taken as input by the model"""
    question = clean_text(question)
    return [vocab_to_int.get(word, vocab_to_int['<UNK>']) for
    word in question.split()]
```

现在是从本节开始时种植的树上收获果实的时候了。因此，在这里我们将给出一个随机问题作为输入来检查我们的 seq2seq 模型的输出。答案将由训练好的该 seq2seq 模型生成。

```
# Selecting a random question from the full lot
random = np.random.choice(len(short_questions))
input_question = short_questions[random]
print(input_question)
```

> what exactly does adjustable life insurance mean

```
# Transforming the selected question in the desired format of
IDs and Words
input_question = question_to_seq(input_question, questions_
vocab_to_int)

# Applying Padding to the question to reach the max_line_length
input_question = input_question + [questions_vocab_to_
int["<PAD>"]] * (max_line_length - len(input_question))

# Correcting the shape of input_data, by adding the empty questions
batch_shell = np.zeros((batch_size, max_line_length))
# Setting the input question as the first question
batch_shell[0] = input_question

# Passing  input question to the model
answer_logits = sess.run(inference_logits, {input_data: batch_
shell, keep_prob: 1.0})[0]

# Removing padding from Question and Answer both
pad_q = questions_vocab_to_int["<PAD>"]
pad_a = answers_vocab_to_int["<PAD>"]

# Printing the final Answer output by the model
print('Question')
print('Word Ids: {}'.format([i for i in input_question if i !=
pad_q]))
print('Input Words: {}'.format([questions_int_to_vocab[i] for i
in input_question if i != pad_q]))
print('\n')
```

> Question

> Word Ids: [17288, 16123, 9831, 13347, 1694, 11205, 7655]

> Input Words: ['what', 'exactly', 'does', 'adjustable', 'life', 'insurance', 'mean']

```
print('\nAnswer')
print('Word Ids: {}'.format([i for i in np.argmax(answer_
logits, 1) if i != pad_a]))
```

```
print('Response Words: {}'.format([answers_int_to_vocab[i] for
i in np.argmax(answer_logits, 1) if i != pad_a]))

print('\n')
print(' '.join(([questions_int_to_vocab[i] for i in input_
question if i != pad_q])))

print(' '.join(([answers_int_to_vocab[i] for i in
np.argmax(answer_logits, 1) if i != pad_a])))
```

> Answer

> Word Ids:      [10130, 10344, 13123, 2313, 1133, 1694, 11205, 6968, 966, 10130, 3030, 2313, 5964, 10561, 10130, 9158, 17702, 13344, 13278, 10130, 7457, 14167, 17931, 14479, 10130, 6968, 9158, 8521, 10130, 9158, 17702, 12230, 10130, 6968, 8679, 1688, 10130, 7457, 14167, 17931, 9472, 10130, 9158, 12230, 10130, 6968, 8679, 1688, 10130, 7457, 14167, 17931, 18293, 10130, 16405, 16640, 6396, 3613, 2313, 10130, 6968, 10130, 6968, 8679, 1688, 10130, 7457, 14167, 17931, 18293, 10130, 16405, 16640, 6396, 3613, 10628, 13040, 10130, 6968]

> Response Words: ['the', 'face', 'value', 'of', 'a', 'life', 'insurance', 'policy', 'is', 'the', 'amount', 'of', 'time', 'that', 'the', 'insured', 'person', 'passes', 'with', 'the', 'death', 'benefit', 'proceeds', 'from', 'the', 'policy', 'insured', 'if', 'the', 'insured', 'person', 'dies', 'the', 'policy', 'will', 'pay', 'the', 'death', 'benefit', 'proceeds', 'whenever', 'the', 'insured', 'dies', 'the', 'policy', 'will', 'pay', 'the', 'death', 'benefit', 'proceeds', 'within', 'the', 'two', 'year', 'contestability', 'period', 'of', 'the', 'policy', 'the', 'policy', 'will', 'pay', 'the', 'death', 'benefit', 'proceeds', 'within', 'the', 'two', 'year', 'contestability', 'period', 'specified', 'in', 'the', 'policy']

> what exactly does adjustable life insurance mean

> the face value of a life insurance policy is the amount of time that the insured person passes with the death benefit proceeds from the policy insured if the insured person dies the policy will pay the death benefit proceeds whenever the insured dies the policy will pay the death benefit proceeds within the two year contestability period of the policy the policy will pay the death benefit proceeds within the two year contestability period specified in the policy

最后一段是我们输入模型的问题"What exactly does adjustable life insurance mean?"的输出。它看起来好像在语法上不正确，但是如果能够使用更多数据集和更精细的嵌入向量来训练模型，这个问题能够更好地得到解决。

假设对话文本没有随时间发生重大的更新，那么，就可以将经过训练的模型对象引入聊天机器人应用程序中，让聊天机器人对最终用户所提的问题给出很好的回答。这个练习留给读者，请享受与你自己的聊天机器人进行对话！为了获得额外的乐趣，你可以尝试与朋友们一起在个人聊天中训练模型，以便发现你的聊天机器人是否能够成功地与你所喜欢的人实现聊天。现在，你知道只需提供两个人的对话文本文件，即可创建一个全功能的聊天机器人。

## 4.4 下一步

本章利用第 3 章中介绍的概念，帮助创建一个聊天机器人并训练文本生成模型，它可以进一步嵌入 Facebook Messenger 聊天机器人中。在第 5 章中，我们将介绍在第五届学习表示国际会议（International Conference on Learning Representations，ICLR 2017）上发表的论文中所包含的情感分类的实现过程。我们推荐读者实现本章中的示例，并探索文本生成技术在各种公开数据集上的不同用例。

# 第 5 章
# 实现研究论文：情感分类

本章通过实现一篇研究论文中提到的情感分析方法，对本书进行总结。本章的第一部分详细介绍所提到的方法，第二部分介绍基于 TensorFlow 实现该方法的过程。为了确保所用论文的结果与我们的结果有所区别，我们选择了不同的数据集进行测试，因此我们的结果可能与实际研究论文中提供的结果在准确性上有所不同。

所使用的数据集可公开获得，并作为样本数据集包含在 Keras 库中。本章通过使用学术研究论文中遵循的建模方法，将第 2 章和第 3 章中介绍的理论与实际示例联系起来，并创建一个附加层。

针对论文"一种结构化的自注意力句子嵌入"（https://arxiv.org/pdf/1703.03130.pdf），我们成功完成了其实现过程，该论文发表于 ICLR 2017（第五届学习表示国际会议），它是由来自 IBM Watson 和蒙特利尔大学蒙特利尔分校的学习算法研究所（MILA）的研究科学家团队撰写的。

这篇论文提出了一种新的建模技术，该技术通过引入自注意力机制来提取可解释的句子嵌入模型。该模型使用二维矩阵（而不是向量）来表示句子嵌入，其中每个矩阵表示句子的不同片段。此外，它还提出了一种自注意力机制和唯一的正则化术语。所提出的嵌入方法可以很容易地可视化，以找出句子的哪些特定部分最终被编码到句子嵌入中。论文分享了在以下三种不同类型的任务上对所提模型进行的性能评估。

- 作者描述
- 情感分类
- 文字蕴涵

通过执行上面所有三种类型的任务，与当前其他句子嵌入技术相比，该模型已经证明是非常有前景的。

## 5.1 基于自注意力机制的句子嵌入

虽然以前已提出多种有监督和无监督的句子嵌入模型，例如跳过思想向量、段落向量、递归自动编码器、顺序去噪自动编码器、FastSent 等，但在该论文中提出的方法使用一种新的自注意力机制，这一机制允许该方法将句子的不同方面提取为多个向量表示。同时，具有惩罚项的矩阵结构使得模型能更好地从输入句子中获取隐含信息。

然而，语言结构并没有用于指导句子表示模型。另外，通过使用此方法，可以轻松创建可视化效果，这有助于解释学习到的表示。

跳过思想向量（skip-thought vector）是一种用于通用分布式句子编码器的无监督学习。考虑到书籍中的文本具有连续性，可以训练出一种编码器和解码器模型，来尝试重建被编码的段落周边的句子。因此，具有相同语义和句法属性的句子会被映射到类似的向量表示。有关此问题的更多信息，请参考 https://arxiv.org/abs/1506.06726 上的原始论文。

段落向量（paragraph vector）是一种无监督算法，它从可变长度的文本片段（例如句子、段落和文档）中学习固定长度的特征表示。该算法通过被训练出来以预测文档中单词的稠密向量来表示每个文档。论文给出的实验结果表明，段落向量优于词袋模型以及其他文本表示技术。有关这方面的更加详细的说明，请见原始的研究论文 https://arxiv.org/abs/1405.4053。

图 5-1 中的示例模型结构展示了句子嵌入模型与全连接层和 softmax 层结合起来进行情感分析的情形。

> **注释** 蓝色形状代表隐式表示，红色形状代表权重、标注、输入 / 输出。

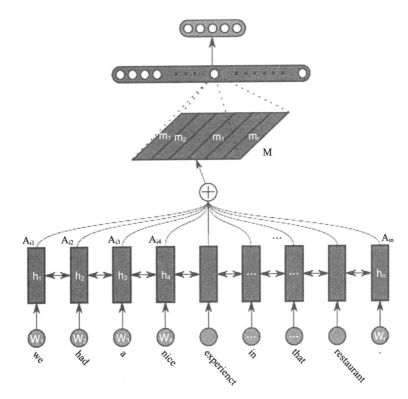

图 5-1　将句子嵌入模型作为来自双向长短期记忆（LSTM）中的隐藏状态
$(h_1, \cdots, h_n)$ 的多个加权和进行计算

### 5.1.1　提出的方法

本节介绍所提出的自注意力句子嵌入模型和为其提出的正则化术语。这两个概念都会在单独的小节中进行解释，就像在实际论文中提到的概念那样。尽管本节中介绍的内容足以对所提出的方法有基本了解，但读者仍可以选择参考原始论文以获取更多信息。

所提出的注意力机制仅执行一次，并且它直接关注对区分目标有意义的语义。它几乎不关注单词之间的关系，而是更多地关注每个单词所贡献的整个句子的语义。在计算方面，由于该方法不需要 LSTM 就能计算其前面所有单词的标注向量，所以它能够随句子长度而灵活扩展。

#### 5.1.1.1 模型

论文"一种结构化的自注意力句子嵌入"中提出的句子嵌入模型由两部分组成：

- 双向 LSTM
- 自注意力机制

自注意力机制为 LSTM 隐藏状态提供了一组求和权重向量（如图 5-2 所示）。

这组求和权重向量包含若干 LSTM 隐藏状态，而计算得到的加权 LSTM 隐藏状态被视为该句子的嵌入。例如，它可以与多层感知器（MLP）组合起来，以应用于下游应用。上图示例中，所提出的句子嵌入模型通过与全连接层和 softmax 层相结合应用于情感分析。

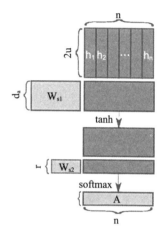

图 5-2　计算求和权重（$A_{i1}, \cdots, A_{in}$）

> 注释　对于情感分析练习，前面用到的图足以描述所需的模型。（可选）除了使用全连接层之外，该论文还提出了一种利用矩阵句子嵌入模型的二维结构来修剪权重连接的方法，详细介绍请见该论文的附录 A。

假设我们有一个具有 $n$ 个标记的句子，并采用词嵌入的序列来表示。

$$S = (w_1, w_2, \cdots, w_n)$$

这里，$w_i$ 是表示句子中第 $i$ 个单词的 $d$ 维词嵌入的向量。因此，$S$ 是一个表示二维矩阵的序列，它将所有的词嵌入向量连接起来。$S$ 应该具有 $n$ 乘 $d$ 的形状。

现在，序列 $S$ 中的每一项都独立于其他项。为了获得单个句子中相邻单词之间的某种依赖关系，我们使用双向 LSTM 来处理句子。

$$\overrightarrow{h_t} = \overrightarrow{LSTM}(w_t, \overrightarrow{h_{(t-1)}})$$

$$\overleftarrow{h_t} = \overleftarrow{LSTM}(w_t, \overleftarrow{h_{(t+1)}})$$

然后我们将每个上述两项的结果连接起来，获得隐藏状态 $h_t$。令每个单向 LSTM 的隐藏单元号为 $u$。为简单起见，我们将所有 $n$ 个 $h_t$ 都称为 $H$，其大小为 $n$ 乘 $2u$。

$$H = (h_1, h_2, \cdots, h_n)$$

我们的目标是将可变长度的句子编码为固定大小的词嵌入向量。我们通过在 $H$ 中选择 $n$ 个 LSTM 隐藏向量的线性组合来实现这一点。计算线性组合需要自注意力机制。注意力机制将所有 LSTM 隐藏状态 $H$ 作为输入，并输出权重的向量 $a$，如下所示：

$$a = softmax(W_{s2} \tanh(W_{s1} H^T))$$

这里，$W_{s1}$ 是形状为 $d_a$ 乘 $2u$ 的权重矩阵，$W_{s2}$ 是大小为 $d_a$ 的参数向量，其中 $d_a$ 是我们可以任意设置的超参数。因为 $H$ 的大小为 $n$ 乘 $2u$，所以标注向量 $a$ 的大小为 $n$。$softmax()$ 函数确保所有计算的权重加起来为 1。然后我们根据 $a$ 提供的权重，将 LSTM 隐藏状态 $H$ 相加，可以得到输入句子的向量表示 $m$。

这种向量表示通常关注句子的特定组成部分，例如一组特殊的相关单词或短语。因此，希望用它反映句子中语义的一个方面或组成部分。但是，句子中可以有多个组成部分共同构成它的整体语义，尤其对于长句子更是如此（例如，用"and"连在一起的两个子句）。因此，为了表示句子的整体语义，我们需要多个 $m$，用来关注句子的不同部分。此时，我们必须执行多个注意力跳跃。假设希望从句子中提取 $r$ 个不同的部分，为此，需要将 $W_{s2}$ 扩展为 $r$ 乘 $d_a$ 大小的矩阵，将其标记为 $W_{s2}$，由此得到的标注向量 $a$ 就变成标注矩阵 $A$。

如下所示：

$$A = softmax(W_{s2} \tanh(W_{s1} H^T))$$

这里，$softmax()$ 函数沿其输入的第二维执行。我们可以将前面的等式视为没有偏差的两层 MLP，其隐藏单元数是 $d_a$，其参数是 $\{W_{s2}, W_{s1}\}$。

然后嵌入向量 $m$ 变为 $r$ 乘 $2u$ 大小的嵌入矩阵 $M$。我们通过将标注矩阵 $A$ 和 LSTM 隐藏状态 $H$ 相乘来计算 $r$ 个加权和。最终得到的矩阵是句子嵌入矩阵：

$$M = A H$$

#### 5.1.1.2 惩罚项

如果注意力机制总是为所有 $r$ 个跳跃提供类似的求和权重，则嵌入矩阵 $M$ 可能遇到冗余问题。因此，我们需要一个惩罚项，以鼓励跨注意力的不同跳跃的求和权重向量具有多样性。

评估多样性的最佳方法肯定是任何两个求和权重向量之间的 Kullback Leibler 散度（简称 KL 散度，又称为相对熵）。

KL 散度是用于测量相同变量 $x$ 上的两个概率分布之间的差异，它与交叉熵和信息散度有关。对于给定的两个概率分布 $p(x)$ 和 $q(x)$，KL 散度被用作从 $p(x)$ 到 $q(x)$ 的散度的一种非对称度量，表示为 $D_{KL}(p(x), q(x))$，同时它也是当 $q(x)$ 用于近似 $p(x)$ 时信息丢失的度量值。

对于离散随机变量 $x$，如果 $p(x)$ 和 $q(x)$ 是它的两个概率分布，那么 $p(x)$ 和 $q(x)$ 加起来等于 1，且对于 $X$ 中任意 $x$，均满足 $p(x) > 0$ 和 $q(x) > 0$。

$$D_{KL}(p(x), q(x)) = \sum_{x \in X} p(x) \ln \frac{p(x)}{q(x)}$$

其中，

$$D_{KL}(p(x), q(x)) \geq 0,$$

$$D_{KL}(P\|Q) = 0 \text{ 当且仅当 } P = Q$$

当使用基于 $q(x)$ 的代码而不是基于 $p(x)$ 的代码时，KL 散度将测量对来自 $p(x)$ 的样本进行编码所需的额外预计比特数。通常，$p(x)$ 表示观测到的"实际"数据分布，或精确计算的理论分布，$q(x)$ 则表示 $p(x)$ 的理论值、模型值或近似值。与离散版本相似，KL 散度也有连续版本。

KL 散度不是距离测量，即使它测量两种分布之间的"距离"，这是因为它不是度量标准。此外，它本质上不是对称的，即在大多数情况下，从 $p(x)$ 到 $q(x)$ 的 KL 散度值与从 $q(x)$ 到 $p(x)$ 的 KL 散度值不同。而且，它可能不满足三角不等式。

然而，在这里这种情况不是非常稳定，因为这里正在试图完成一组 KL 散度的最大化（而不是仅最小化一个，虽然通常是一个），并且在执行标注矩阵 $A$ 的优化时，为了在不同的 softmax 输出单元处具有大量足够小甚至为零的值，巨量的零会使训练不稳定。KL 散度不提供但急需的另一个特性是，每个单独的行均关注语义的单个方面。这就要求标注 softmax 输出中的概率质量更集中，但是，采用 KL 散度惩罚不起作用。

因此，引入一个新的惩罚项，它可以克服前面提到的缺点。与 KL 散度惩罚相比，新的惩罚项仅占用原有计算量的三分之一。它使用标注矩阵 $A$ 及其转置矩阵的点积，减去单位矩阵，作为冗余度量。

$$P = \| (AA^T - 1) \|F^2$$

在上面的等式中，$\| \circ \|F^2$ 表示矩阵的 Frobenius 范数（弗罗贝尼乌斯范数）。与添加 L2 正则化项一样，该惩罚项 $P$ 将乘以系数，我们会与原有损失一起使它最小化，具体实现取决于下游应用。

让我们考虑 $A$ 中两个不同的求和向量 $a^i$ 和 $a^j$。因为 softmax 的缘故，$A$ 中任何求和向量内的所有条目相加应该为 1。因此，它们可以被视为离散概率分布中的概率质量。对于 $A.A^T$ 矩阵中的任何非对角线元素 $a_{ij}$（$i \neq j$），它对应于两个分布中对应元素乘积的总和：

$$0 < a_{ij} = \sum_{k=1}^{n} a_k^i a_k^j < 1$$

其中 $a_k^i$ 和 $a_k^j$ 分别是 $a^i$ 和 $a^j$ 向量中的第 $k$ 个元素。在最极端的情况下，当两个概率分布 $a^i$ 和 $a^j$ 之间没有重叠时，相应的 $a_{ij}$ 将为 0；否则它将为正值。在另一个极端情况下，如果两个分布相同，并且都集中在一个单词上，则相应的 $a_{ij}$ 取最大值 1。我们从 $A.A^T$ 矩阵中减去一个单位矩阵，可以迫使 $A.A^T$ 矩阵中对角线上的元素近似为 1。这将鼓励每个求和向量 $a^i$ 关注尽可能少的单词数量，从而迫使每个向量只关注一个方面，并且所有其他元素为 0，这就惩罚了不同求和向量之间的冗余。

## 5.1.2 可视化

下面的一般示例可视化可以呈现"作者描述"任务的结果，并显示正在使用的两种类型的可视化。第二个示例涉及情感分析，它利用第二种可视化方法，对来自 Yelp 的评论进行热图分析。

### 5.1.2.1 一般示例

由于标注矩阵 $A$ 的存在，对句子嵌入的解释是非常直接的。对于句子嵌入矩阵 $M$ 中的每一行，其对应的标注向量 $a_i$ 均存在。该向量中的每个元素对应于在该位置上标记的 LSTM 隐藏状态的贡献大小。因此，可以为句子嵌入矩阵 $M$ 的每一行绘制热图。

这种可视化方法暗示了嵌入的每个部分中编码的内容，从而增加了额外的解释层。图 5-3 显示在 Twitter 年龄数据集（http://pan.webis.de/clef16/pan16-web/author-profiling.html）上训练的两个模型的热图。

第二种可视化方法的实现可以先将整个标注向量相加，然后将得到的权重向量归一化，即相加为 1。因为它将句子语义的所有方面进行相加，所以产生了一个显示嵌入主要关注什么的一般视图。因此，可以发现嵌入关注最多的单词是哪些，以及被嵌入跳过单词又是哪些。图 5-4 通过将所有 30 个注意力权重向量相加（无论有无惩罚），展示了这种整体注意力的概念。

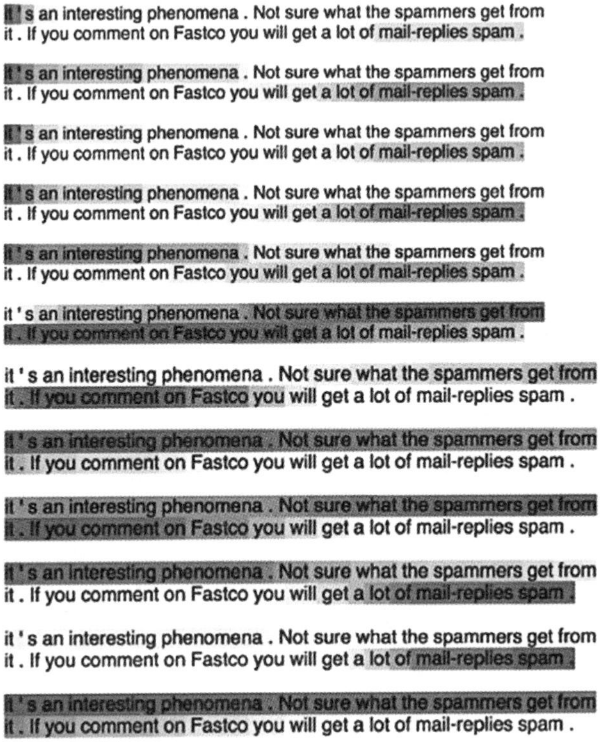

图 5-3　针对没有惩罚项和具有 1.0 惩罚值的两种模型，从嵌入矩阵的 30 行中随机选取的 6 个详细注意力的热图

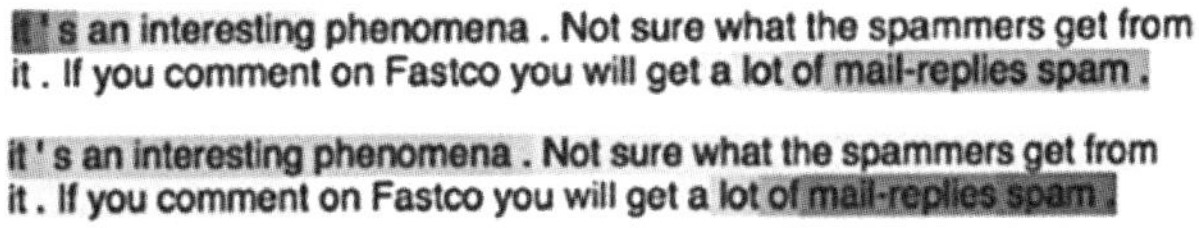

图 5-4　没有惩罚项和具有 1.0 惩罚值的两种模型的整体注意力

#### 5.1.2.2　情感分析示例

研究论文选择 Yelp 数据集（www.yelp.com/dataset_challenge）来执行情感分析任务。该数据集包含 2.7M 大小的 Yelp 评论信息，其中 500K 大小的评论与星标配对被随机选为训练集，另有 2 000 为开发集，2 000 为测试集。将评论作为输入，并根据用户实际为每个商店所写的评论内容来预测星标的数量。

一个 100 维的 word2vec 向量用于初始化词嵌入，并且在训练期间进一步调整词嵌入。目标星标数是 [1, 2, 3, 4, 5] 范围内的整数，因此，此任务可以视为分类任务，即将一段评论文本划分为这 5 类中的某一个，并采用分类精确度作为测量标准。针对两个基准模型，每次训练时所选的一批样本数大小（batchsize）设为 32，并将输出多层感知器（MLP）中的隐藏单元数设为 3 000。

为了解释句子嵌入模型的学习过程，下面使用第二种可视化方法来绘制数据集中一些评论的热图。图中随机选择了三条评论。如图 5-5 所示，该模型主要学习获取评论中能够显著反映出句子背后的情绪的一些关键特征。对于大多数简单评论，该模型设法获取产生极端分数的所有关键特征，但是对于更长的评论，该模型仍不能获取所有相关特征。正如第一条评论所反映的那样，许多焦点都集中在单个特征上，比如"be nothing extraordinary"，却很少关注其他关键点，比如"annoying thing"，"so hard/cold"等。

图 5-5　分别经过没有惩罚项和具有 1.0 惩罚值训练后，在 3 个不同的 Yelp 评论上两种句子嵌入的注意力热图

### 5.1.3 研究发现

该论文介绍了一种固定大小的、具有自注意力机制的矩阵型句子嵌入模型，能够帮助深度解释模型中的句子嵌入。所引入的注意力机制通过注意力求和，允许最后的句子嵌入向量直接访问之前的 LSTM 隐藏状态。因此，LSTM 不必将每条信息都携带到其最后的隐藏状态。相反，只期望每个 LSTM 隐藏状态提供每个单词的短期上下文信息，而需要较长期依赖性的更高级语义可以由注意力机制直接获取。这种安排确实减轻了 LSTM 维持长期依赖性的负担。在注意力机制中添加元素的做法是非常原始的。它可以是比这更复杂的模型，允许对 LSTM 的隐藏状态完成更多的操作。

该模型可以将任何可变长度的序列编码为固定大小的表示，而不会遇到长期依赖性问题。这为模型带来了更多的可扩展性，并且没有任何显著的修改，模型就可以直接应用于更长的内容，例如段落、文章等。

## 5.2 实现情感分类

我们利用互联网电影数据库（通常称为 IMDb，网址是 www.imdb.com），来为情感分类问题选择数据集。该数据库提供了大量的图像和文本数据集，可用于深度学习和数据分析方面的多项研究活动。

对于情感分类，我们使用了一组包含 25 000 个电影评论的数据集，其中附有正面和负面标签。这些公开的评论信息已经被预处理，并被编码为单词索引的整数序列。单词是根据它们在数据集中的总体频率来排序的，即具有第二高频率的标记或单词会被索引为 2，以此类推。将这样的索引附加到单词中，有助于根据它们的频率来简短地列出单词，例如选择最常用的 2000 个单词，或者删除前 10 个最常用的单词。下面是用于查看训练数据集样本的代码。

```
from keras.datasets import imdb
(X_train,y_train), (X_test,y_test) = imdb.load_data(num_
words=1000, index_from=3)

# Getting the word index used for encoding the sequences
```

```
vocab_to_int = imdb.get_word_index()
vocab_to_int = {k:(v+3) for k,v in vocab_to_int.items()}
# Starting from word index offset onward

# Creating indexes for the special characters : Padding, Start
Token, Unknown words
vocab_to_int["<PAD>"] = 0
vocab_to_int["<GO>"] = 1
vocab_to_int["<UNK>"] = 2

int_to_vocab = {value:key for key,value in vocab_to_int.
items()}
print(' '.join(int_to_vocab[id] for id in X_train[0] ))

>
<GO> this film was just brilliant casting <UNK> <UNK> story
direction <UNK> really <UNK> the part they played and you could
just imagine being there robert <UNK> is an amazing actor and
now the same being director <UNK> father came from the same
<UNK> <UNK> as myself so i loved the fact there was a real <UNK>
with this film the <UNK> <UNK> throughout the film were great
it was just brilliant so much that i <UNK> the film as soon as
it was released for <UNK> and would recommend it to everyone
to watch and the <UNK> <UNK> was amazing really <UNK> at the
end it was so sad and you know what they say if you <UNK> at a
film it must have been good and this definitely was also <UNK>
to the two little <UNK> that played the <UNK> of <UNK> and paul
they were just brilliant children are often left out of the
<UNK> <UNK> i think because the stars that play them all <UNK>
up are such a big <UNK> for the whole film but these children
are amazing and should be <UNK> for what they have done don't
you think the whole story was so <UNK> because it was true and
was <UNK> life after all that was <UNK> with us all
```

## 5.3 情感分类代码

本书的最后一部分介绍前面提到的论文中所述概念的实现，以及用它来对所选的 IMDb 数据集进行情感分类。所需的 IMDb 数据集可以利用后续的代码自动下载。如果需要，也可以从下面 URL 下载此数据集，并查看相应的评论：https://s3.amazonaws.com/text-datasets/imdb_full.pkl。

# 第 5 章　实现研究论文：情感分类

> **注释**　在运行代码之前，请确保能够通过计算机访问互联网来下载数据集，并确保安装了 Tensorflow 的 1.3.0 版本。此外，由于"0"用来对词汇表中的未知单词进行编码，所以它尚未用于编码任何单词。

根据需要导入所需的包并检查这些包的版本。

```
# Importing TensorFlow and IMDb dataset from keras library
from keras.datasets import imdb
import tensorflow as tf
> Using TensorFlow backend.

# Checking TensorFlow version
print(tf.__version__)
> 1.3.0

from __future__ import print_function
from tensorflow.python.ops import rnn, rnn_cell
import numpy as np
import pandas as pd
import matplotlib.pyplot as plt
%matplotlib inline
```

下一步是从 IMDb 的评论数据集创建训练和测试数据集。Keras 数据集提供了一个用于此目的的内置函数，它可以返回下面几个带有序列和标签列表的元组对：

- X_train，X_test：它们是包含索引（即分配给每个单词的正整数）列表的序列列表。如果在导入数据集时指定了 num_words 参数，则所选的最大可能索引值为 num_words-1，如果指定了 maxlen 参数，则使用它来确定最大可能的序列长度。
- y_train，y_test：它们是整数标签的列表，标签值为 1 或 0，分别表示正面和负面的评论。

imdb.load_data() 函数使用 8 个参数来自定义评论数据集的选择。下面是对这些参数的详细解释：

- path：如果本地 Keras 数据集文件夹中的数据不存在，则会下载数据到指定位置。

- num_words：（类型：整数或空）选择为建模目的而考虑的最高频单词。超出这个范围的单词和频率小于该值的单词将被序列数据中的 oov_char 值替换。
- skip_top：（类型：整数）从选择内容中跳过最高频单词。这些被跳过的单词将被序列数据中的 oov_char 值替换。
- maxlen：（类型：整数）用于指定序列的最大长度。长度大于指定长度的序列将被截断。
- seed：（类型：整数）设置种子以复制数据的混排。
- start_char：（类型：整数）这个字符标志着一个序列的开始。由于 0 通常用于填充字符，所以它被设置为 1。
- oov_char：（类型：整数）被 num_words 或 skip_top 参数剪掉的单词将被这个字符替换。
- index_from：（类型：整数）用于索引实际单词等。它是单词索引偏移量。

```
# Creating Train and Test datasets from labeled movie reviews
(X_train, y_train), (X_test, y_test) = imdb.load_
data(path="imdb_full.pkl",num_words=None, skip_top=0,
maxlen=None, seed=113, tart_char=1, oov_char=2, index_from=3)
> Downloading data from https://s3.amazonaws.com/text-datasets/
imdb.npz
```

评论集中每个序列的长度为 200，并进一步从训练数据集创建词汇表。图 5-6 显示了评论中单词数量的分布。

```
X_train[:2]
> array([ list([1, 14, 22, 16, 43, 530, 973, 1622, 1385, 65,
458, 4468, 66, 3941, 4, 173, 36, 256, 5, 25, 100, 43, 838, 112,
50, 670, 22665, ....
t = [item for sublist in X_train for item in sublist]
vocabulary = len(set(t))+1

a = [len(x) for x in X_train]
plt.plot(a)
```

指定从句子中选择序列时所选序列的最大长度。如果评论的长度低于它，则使用填充内容来追加到新创建的序列的末尾，直到最大长度。

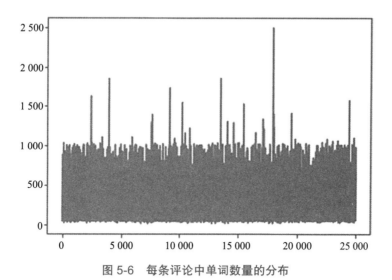

图 5-6　每条评论中单词数量的分布

```
max_length = 200 # specifying the max length of the sequence in
the sentence
x_filter = []
y_filter = []

# If the selected length is lesser than the specified max_
length, 200, then appending padding (0), else only selecting
desired length only from sentence
for i in range(len(X_train)):
    if len(X_train[i])<max_length:
        a = len(X_train[i])
        X_train[i] = X_train[i] + [0] * (max_length - a)
    x_filter.append(X_train[i])
    y_filter.append(y_train[i])
    elif len(X_train[i])>max_length:
        X_train[i] = X_train[i][0:max_length]
```

使用词嵌入大小、隐藏单元数、学习率、批大小和训练迭代总数来声明模型的超参数。

```
#declaring the hyper params
embedding_size = 100    # word vector size for initializing the
                        word embeddings
n_hidden = 200
learning_rate = 0.06
```

```
training_iters = 100000
batch_size = 32
beta =0.0001
```

声明与当前模型体系结构和数据集相关的其他参数：时间步长数、分类的类数、自注意力 MLP 的隐藏层中的单元数以及嵌入矩阵中的行数。

```
n_steps = max_length        # timestepswords
n_classes = 2               # 0/1 : binary classification for
                              negative and positive reviews
da = 350                    # hyper-parameter : Self-attention
                              MLP has hidden layer with da
                              units
r = 30                      # count of different parts to be
                              extracted from sentence (= number
                              of rows in matrix embedding)
display_step =10
hidden_units = 3000
```

将训练数据集的值和标签分别转换为阵列后变换及编码的所需格式。

```
y_train = np.asarray(pd.get_dummies(y_filter))
X_train = np.asarray([np.asarray(g) for g in x_filter])
```

创建一个内部文件夹来记录日志。

```
logs_path = './recent_logs/'
```

创建 DataIterator 类，以给定的训练批大小按成批方式生成随机数据。

```
class DataIterator:
    """ Collects data and yields bunch of batches of data
    Takes data sources and batch_size as arguments """
    def __init__(self, data1,data2, batch_size):
        self.data1 = data1
        self.data2 = data2
        self.batch_size = batch_size
        self.iter = self.make_random_iter()

    def next_batch(self):
        try:
            idxs = next(self.iter)
        except StopIteration:
```

```
            self.iter = self.make_random_iter()
            idxs = next(self.iter)
        X =[self.data1[i] for i in idxs]
        Y =[self.data2[i] for i in idxs]
        X = np.array(X)
        Y = np.array(Y)
        return X, Y
    def make_random_iter(self):
        splits = np.arange(self.batch_size, len(self.data1),
        self.batch_size)
        it = np.split(np.random.permutation(range(len(self.
        data1))), splits)[:-1]
        return iter(it)
```

下一步是初始化权重和偏差，并输入占位符。在神经网络中设置权重的一般规则是近似为零，而不是太小。一个好的做法是在 [–y, y] 范围内开始分配权重，其中 $y = 1/\sqrt{n}$（$n$ 是给定神经元的输入数）。

```
############ Graph Creation ###############

# TF Graph Input
with tf.name_scope("weights"):
    Win  = tf.Variable(tf.random_uniform([n_hidden*r, hidden_
    units],-1/np.sqrt(n_hidden),1/np.sqrt(n_hidden)), name=
    'W-input')
    Wout = tf.Variable(tf.random_uniform([hidden_units,
    n_classes],-1/np.sqrt(hidden_units),1/np.sqrt(hidden_
    units)), name='W-out')
    Ws1  = tf.Variable(tf.random_uniform([da,n_hidden],-1/
    np.sqrt(da),1/np.sqrt(da)), name='Ws1')
    Ws2  = tf.Variable(tf.random_uniform([r,da],-1/
    np.sqrt(r),1/np.sqrt(r)), name='Ws2')
with tf.name_scope("biases"):
    biasesout = tf.Variable(tf.random_normal([n_classes]),
    name='biases-out')
    biasesin  = tf.Variable(tf.random_normal([hidden_units]),
    name='biases-in')
with tf.name_scope('input'):
    x = tf.placeholder("int32", [32,max_length], name=
```

```
                'x-input')
            y = tf.placeholder("int32", [32, 2], name='y-input')
```

使用嵌入的向量,在相同的默认图形上下文中创建张量。这需要输入嵌入矩阵和一个输入张量,例如评论向量。

```
        with tf.name_scope('embedding'):
            embeddings = tf.Variable(tf.random_uniform([vocabulary,
            embedding_size],-1, 1), name='embeddings')
            embed = tf.nn.embedding_lookup(embeddings,x)
        def length(sequence):
            # Computing maximum of elements across dimensions of a
            tensor
            used = tf.sign(tf.reduce_max(tf.abs(sequence), reduction_
            indices=2))
            length = tf.reduce_sum(used, reduction_indices=1)
            length = tf.cast(length, tf.int32)
            return length
```

使用下面的代码重用权重和偏差:

```
        with tf.variable_scope('forward',reuse=True):
                lstm_fw_cell = rnn_cell.BasicLSTMCell(n_hidden)
        with tf.name_scope('model'):
            outputs, states = rnn.dynamic_rnn(lstm_fw_
            cell,embed,sequence_length=length(embed),dtype=tf.
            float32,time_major=False)
            # in the next step we multiply the hidden-vec matrix with
            the Ws1 by reshaping
            h = tf.nn.tanh(tf.transpose(tf.reshape(tf.
            matmul(Ws1,tf.reshape(outputs,[n_hidden,batch_size*n_
            steps])), [da,batch_size,n_steps]),[1,0,2]))
            # in this step we multiply the generated matrix with Ws2
            a = tf.reshape(tf.matmul(Ws2,tf.reshape(h,[da,batch_size*n_
            steps])),[batch_size,r,n_steps])
            def fn3(a,x):
                    return tf.nn.softmax(x)
            h3 = tf.scan(fn3,a)
        with tf.name_scope('flattening'):
            # here we again multiply(batch) of the generated batch with
            the same hidden matrix
```

第 5 章　实现研究论文：情感分类

```python
        h4 = tf.matmul(h3,outputs)
        # flattening the output embedded matrix
        last = tf.reshape(h4,[-1,r*n_hidden])
with tf.name_scope('MLP'):
    tf.nn.dropout(last,.5, noise_shape=None, seed=None,
    name=None)
    pred1 = tf.nn.sigmoid(tf.matmul(last,Win)+biasesin)
    pred  = tf.matmul(pred1, Wout) + biasesout
# Define loss and optimizer
with tf.name_scope('cross'):
    cost = tf.reduce_mean(tf.nn.softmax_cross_entropy_with_
    logits(logits =pred, labels = y) + beta*tf.nn.l2_loss(Ws2) )
with tf.name_scope('train'):
    optimizer = tf.train.AdamOptimizer(learning_rate=learning_
    rate)
    gvs = optimizer.compute_gradients(cost)
    capped_gvs = [(tf.clip_by_norm(grad,0.5), var) for grad,
    var in gvs]
    optimizer.apply_gradients(capped_gvs)
    optimized = optimizer.minimize(cost)
# Evaluate model
with tf.name_scope('Accuracy'):
    correct_pred = tf.equal(tf.argmax(pred,1), tf.argmax(y,1))
    accuracy     = tf.reduce_mean(tf.cast(correct_pred,
    tf.float32))
tf.summary.scalar("cost", cost)
tf.summary.scalar("accuracy", accuracy)
> <tf.Tensor 'accuracy:0' shape=() dtype=string>

# merge all summaries into a single "summary operation" which
we can execute in a session
summary_op =tf.summary.merge_all()
# Initializing the variables
train_iter = DataIterator(X_train,y_train, batch_size)
init = tf.global_variables_initializer()

# This could give warning if in case the required port is being
used already
# Running the command again or releasing the port before the
subsequent run should solve the purpose
```

开始训练模型。确保训练批大小（batch_size）的值足以满足系统要求。

```
with tf.Session() as sess:
    sess.run(init)
    # Creating log file writer object
    writer = tf.summary.FileWriter(logs_path, graph=tf.get_
    default_graph())
    step = 1
    # Keep training until reach max iterations
    while step * batch_size < training_iters:
        batch_x, batch_y = train_iter.next_batch()
        sess.run(optimized, feed_dict={x: batch_x, y: batch_y})
        # Executing the summary operation in the session
        summary = sess.run(summary_op, feed_dict={x: batch_x,
        y: batch_y})
        # Writing the values in log file using the FileWriter
        object created above
        writer.add_summary(summary,  step*batch_size)
        if step % display_step == 2:
            # Calculate batch accuracy
            acc = sess.run(accuracy, feed_dict={x: batch_x, y:
            batch_y})
            # Calculate batch loss
            loss = sess.run(cost, feed_dict={x: batch_x, y:
            batch_y})
            print ("Iter " + str(step*batch_size) + ",
                    Minibatch Loss= " + "{:.6f}".format(loss)
                    + ", Training Accuracy= " + "{:.2f}".
                    format(acc*100) + "%")
        step += 1
    print ("Optimization Finished!")
```

> Iter 64, Minibatch Loss= 68.048653, Training Accuracy= 50.00%
> Iter 384, Minibatch Loss= 69.634018, Training Accuracy= 53.12%
> Iter 704, Minibatch Loss= 50.814949, Training Accuracy= 46.88%
> Iter 1024, Minibatch Loss= 39.475891, Training Accuracy= 56.25%
> Iter 1344, Minibatch Loss= 11.115482, Training Accuracy= 40.62%
> Iter 1664, Minibatch Loss= 7.060193, Training Accuracy= 59.38%
> Iter 1984, Minibatch Loss= 2.565218, Training Accuracy= 43.75%
> Iter 2304, Minibatch Loss= 18.036911, Training Accuracy= 46.88%
> Iter 2624, Minibatch Loss= 18.796995, Training Accuracy= 43.75%
> Iter 2944, Minibatch Loss= 56.627518, Training Accuracy= 43.75%

```
> Iter 3264, Minibatch Loss= 29.162407, Training Accuracy= 43.75%
> Iter 3584, Minibatch Loss= 14.335728, Training Accuracy= 40.62%
> Iter 3904, Minibatch Loss= 1.863467, Training Accuracy= 53.12%
> Iter 4224, Minibatch Loss= 7.892468, Training Accuracy= 50.00%
> Iter 4544, Minibatch Loss= 4.554517, Training Accuracy= 53.12%

> Iter 95744, Minibatch Loss= 28.283163, Training Accuracy= 59.38%
> Iter 96064, Minibatch Loss= 1.305542, Training Accuracy= 50.00%
> Iter 96384, Minibatch Loss= 1.801988, Training Accuracy= 50.00%
> Iter 96704, Minibatch Loss= 1.896597, Training Accuracy= 53.12%
> Iter 97024, Minibatch Loss= 2.941552, Training Accuracy= 46.88%
> Iter 97344, Minibatch Loss= 0.693964, Training Accuracy= 56.25%
> Iter 97664, Minibatch Loss= 8.340314, Training Accuracy= 40.62%
> Iter 97984, Minibatch Loss= 2.635653, Training Accuracy= 56.25%
> Iter 98304, Minibatch Loss= 1.541869, Training Accuracy= 68.75%
> Iter 98624, Minibatch Loss= 1.544908, Training Accuracy= 62.50%
> Iter 98944, Minibatch Loss= 26.138868, Training Accuracy= 56.25%
> Iter 99264, Minibatch Loss= 17.603979, Training Accuracy= 56.25%
> Iter 99584, Minibatch Loss= 21.715031, Training Accuracy= 40.62%
> Iter 99904, Minibatch Loss= 17.485657, Training Accuracy= 53.12%
> Optimization Finished!
```

## 5.4 模型结果

建模结果已经使用 TensorFlow 摘要或日志来记录，并在运行模型脚本时保存下来。为编写日志，已使用日志编写器 FileWriter()，它在内部创建日志文件夹并保存图形结构。记录的摘要操作稍后会被 TensorBoard 用于可视化目的。我们已将日志保存在当前工作目录中的下面内部文件夹位置：logs_path = './recent_logs/'。

要启动 TensorBoard，请根据你的选择指定端口：

```
tensorboard --logdir=./ --port=6006.
```

### TensorBoard

为了使 TensorBoard 可视化更具可读性，我们在需要的地方添加了占位符和变量的名称。使用 TensorBoard，有助于调试和优化代码。

我们已经添加了整个模型的图形和它的一些片段，以帮助将代码与 TensorFlow 图形可视化结果关联起来，所有片段都与前面的小节中的相应代码段相关联。

图 5-7 显示情感分类的完整网络体系结构。该图显示作用域在整个代码范围内的变量，这有助于理解模型中数据流动和连接。

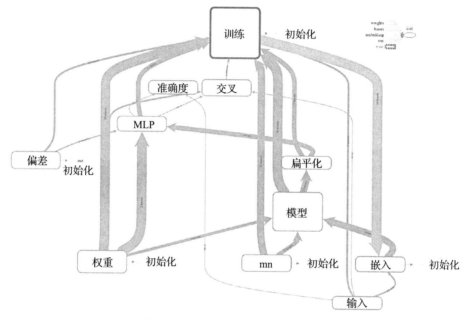

图 5-7　整体模型的 TensorFlow 图

图 5-8 显示 TensorFlow 图的多层感知器（MLP）组件，它用于将丢弃添加到最后一层。该图还显示了用于预测最终情感分类结果的 sigmoid 函数，最后的预测结果进而用于收集模型的准确度和代价。

图 5-9 显示该网络的嵌入组件。它用于初始化词嵌入变量，该变量由 [−1，1] 范围内均匀分布的随机值组成。embedding_lookup() 技术用于对嵌入张量执行并行查找，其结果将进一步用作 LSTM 层的输入。

**模型的精确度和代价**

下面是在 IMDb 数据集上完成的 4 个模拟的模型精确度和代价图，以及两个具有不同平滑过滤参数值的示例。

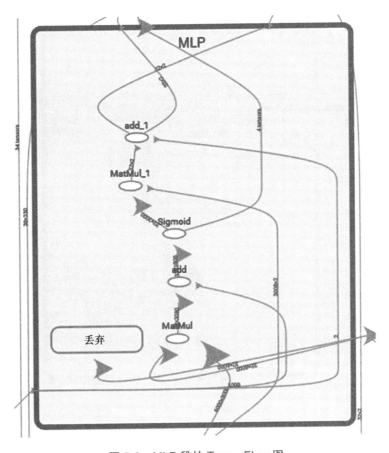

图 5-8 MLP 段的 TensorFlow 图

> **注释** 在 TensorBoard 中使用平滑过滤器作为控制窗口大小的权重参数。1.0 的权重表示使用整个数据集的 50% 作为窗口,而 0.0 的权重表示使用 0 作为窗口(因此,用其自身代替每个点)。过滤器充当一个附加参数,以便全面地解释这些图形。

### 示例 1

对于第一个示例,平滑过滤器值已设置为 0.191,我们在四个不同的模拟中比较了模型的精确度和代价(如图 5-10 和图 5-11 所示)。

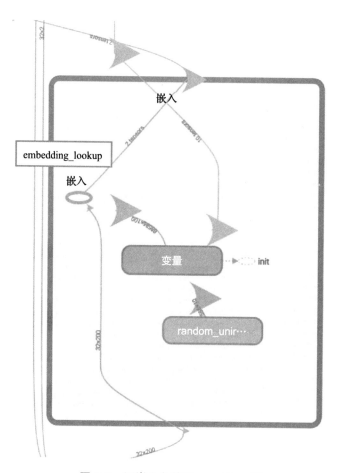

图 5-9　词嵌入段的 TensorFlow 图

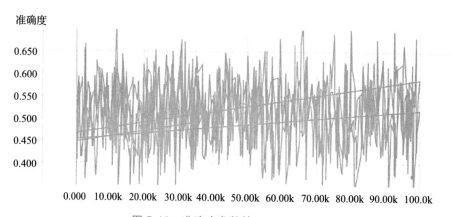

图 5-10　准确度参数的 TensorFlow 图

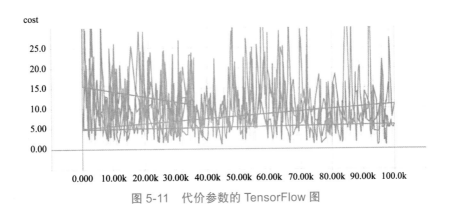

图 5-11　代价参数的 TensorFlow 图

**示例 2**

对于第二个示例，平滑值已设置为 0.645，我们在四个不同的模拟中比较了模型的准确度和代价（如图 5-12 和 5-13 所示）。

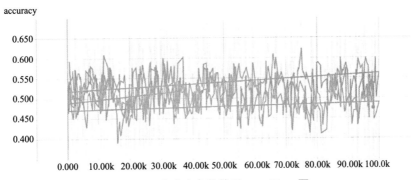

图 5-12　准确度参数的 TensorFlow 图

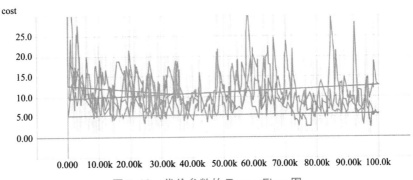

图 5-13　代价参数的 TensorFlow 图

## 5.5 可提升空间

从前面的图中可以推断，模型准确度不是很高，在某些情况下达到近 70%。有几种方法可以进一步改进前面练习中所得的结果，具体包括修改提供给模型的训练数据，以及改进模型的超参数设置。原论文中用于情绪分析的培训数据集包含 500 K 大小的 Yelp 评论，其余用于开发和测试目的。在完成的练习中，我们用了 25K 评论。为了进一步提高模型的性能，请读者对代码进行更改并比较多次迭代的结果。为改善结果而进行的更改应该与论文中提到的值一致，从而有助于比较多个数据集的结果。

## 5.6 下一步

本书的最后一章介绍了所选研究论文中情感分析的实现过程。我们希望各种背景的读者都能够完成这样的练习，并尝试以他们偏爱的语言对他们所选的数据集重现不同论文和会议中提供的算法和方法。我们相信这些练习可以提高对学术研究论文的理解，并拓宽对为解决特定问题而应用于相关数据集的不同类型算法的理解。

我们希望读者能够享受运行本书中所有代码示例的旅程。如果读者能够对本书中出现的代码和理论的质量提出改进建议，我们将非常感谢，我们还会确保在我们的代码库中进行任何相应的更新。

# 推荐阅读

# 推荐阅读

## Python机器学习
作者：Sebastian Raschka, Vahid Mirjalili  ISBN：978-7-111-55880-4  定价：79.00元

## 机器学习：实用案例解析
作者：Drew Conway, John Myles White  ISBN：978-7-111-41731-6  定价：69.00元

## 面向机器学习的自然语言标注
作者：James Pustejovsky, Amber Stubbs  ISBN：978-7-111-55515-5  定价：79.00元

## 机器学习系统设计：Python语言实现
作者：David Julian  ISBN：978-7-111-56945-9  定价：59.00元

## Scala机器学习
作者：Alexander Kozlov  ISBN：978-7-111-57215-2  定价：59.00元

## R语言机器学习：实用案例分析
作者：Dipanjan Sarkar, Raghav Bali  ISBN：978-7-111-56590-1  定价：59.00元